図解 即 戦力

豊富な図解と丁寧な解説で、
知識0でもわかりやすい！

農業の

しくみとビジネスが
しっかりわかる
これ
1冊で
教科書

窪田新之助　山口亮子
Shinnosuke Kubota　Ryoko Yamaguchi

技術評論社

●初出記事●

日経産業新聞
『ごはんビジネス』
Agrio（デジタル雑誌）
WEDGE Infinity
『地上』
SMART AGRI
読売新聞オンライン
『農業ビジネスマガジン』

●参考文献●

小林康平「わが国における生乳の需給調整の展開とその市場開放下の課題」『農業市場研究』
第5巻第1号（通巻43号）1996年　pp.22-32
高槻森水、柳村俊介、大森隆「採卵養鶏業における大規模企業経営および家族経営の展開と
生産調整の影響〜北海道のA社、鹿児島県のB農協を事例として〜」助成研究論文集　北海
道開発協会開発調査総合研究所編　2014年度　pp.205-218
フォーブス弥生『小麦は今すぐ、やめなさい』スペースシャワーネットワーク刊

ご注意：ご購入・ご利用の前に必ずお読みください

はじめに

　新型コロナウイルスの感染の拡大は、農業にも少なくない影響を与えている。外食需要の激減、外国人技能実習生の入国が困難になったことに伴う人材不足、高止まりしていたコメ相場の値崩れなど。収入保険を始めとするセーフティネットの重要性は、かつてなく高まっている。「STAY HOME」と呼びかけられ、人々が職場と娯楽を離れて家に閉じこもったことで、生活の根幹をなす「食」への関心はむしろ高まったようだ。ただし、コメの常軌を逸した買い占め、消費者による種苗法改正への感情的な反対などが起き、よいことばかりではない。こうした不合理な行動に、農業現場と消費者の距離の遠さをあらためて感じる。

　農業の全体像を把握し、変化に備えるための知識を本書にまとめたつもりだ。農業の現状把握から始まって、構造調整や主要作物の生産・消費・流通、農業資材の業界の動向、環境へのリスク、スマート農業の現状、海外進出の動きなどを紹介する。

　国内農業は農家の高齢化と離農が進み、その構造を大きく変えようとしている。本書はこれをことさら危機として煽る立場は取らない。刻々と変わる状況を冷静に把握し、今後の展望をもつための情報を可能な限り盛り込んだ。手垢のついた農業論にならないよう、2人の著者のこれまでの取材に基づき、構成した。また、各章に入りきらなかった農業のこぼれ話や論点を、コラムとして挿入している。

　頭から読み進めてもいいし、関心のある章から読んでもらってもいい。巻末に索引を付しているので、気になる用語の解説から確認していくこともできる。2人の著者は、氷河期世代とミレニアル世代。圧倒的多数の高齢で零細な農家の保護を念頭に置いた農業言論界のスタンダードとは違う視点を、感じていただければ幸いだ。本書が農業への理解を深める一助になることを願ってやまない。

2020 年 6 月

窪田新之助

山口　亮子

CONTENTS

Chapter 3
主要作物の生産・消費・流通の最新動向

Chapter 4
生産性向上の鍵を握る資材とその業界の動き

Chapter 5
変革する農業経営

Chapter 6
国の食糧戦略を示す農政

Chapter 7
流通の変化と展望

Chapter 8
農業と環境

Chapter 9
スマート農業の可能性と課題

Chapter 10
世界における日本農業の戦略

第1章

日本の農業は
どこへ行くのか

日本農業は大きな曲がり角を迎えています。高齢化した農家が一斉にやめ、生産現場では構造調整が始まっています。同時に人口減とともに食品市場のこれ以上の拡大が望めないなか、海外への展開が今まで以上に求められます。変革期を迎えた日本農業で起きている新たな動きを紹介します。

Chapter1
01

緊急事態下における人手不足と
スマート農業による省力化

先端的な技術を使って農業の課題を解消し、変革をもたらすとされるスマート農業。米国の調査会社 Hexa Reports は、世界におけるその規模は2025年には434億ドル（4兆3,400億円）になると予測しています。

拡大するスマート農業の市場とさまざまな新技術

ICT
パソコンやスマートフォンなどのコンピュータを使った情報処理や通信技術の総称。

ドローン
無線による遠隔操縦や事前のプログラムに沿った自動制御によって無人状態で飛行する航空機の総称。

リモートセンシング
離れた場所を、センサーにより感知、監視すること。

スマート農業はロボットやAI、ICTなどを活用して省力化や高品質化をもたらすとされています。技術としてとくに注目されているのはロボット。すでに普及しているのはドローンです。その用途は幅広く、農薬や肥料、種子の散布や作物や田畑のリモートセンシングなどがあります。あるメーカーは、ドローンとその撮影した画像で害虫の居場所を特定し、害虫がいたらそのまま降下して殺虫剤をピンポイントで吹きつけるサービスを提供しています。農作物を害するものからの駆除ということでいえば、イノシシやシカなどの野生動物の動きを監視することが行われているほか、農地に近づいたら追い払う技術も検討されています。

密接な関係のある食品産業にどこまで食い込めるか

ロボットやAIが注目されていますが、スマート農業の鍵を握るのはデータの活用です。そのインパクトは冒頭に挙げた数字よりもずっと大きいといえます。農業の生産に関するデータは、食の産業とも大いに関係します。例えば量販店も流通業者も、野菜や果物が、いつ、どのくらい届くのかを事前に正確に知りたいところです。そのためには リモートセンシングによって野菜の生育の状態をデータによって解析し、把握する必要があります。サプライ・チェーン（→64ページ参照）を見渡せば、生産に関するデータの利用価値はどこにでもあるわけです。国内の農業算出額9.3兆円（2017年）に対し、食品産業全体では95兆円です。農林水産省では、世界の飲食産業の市場は2030年には1,360兆円と、2015年比で1.5倍と推計しています。この巨大な市場にどう食い込めるかが、スマート農業発展の鍵でもあります。

▶ 労働力不足の解消にむけたスマート農業の事業イメージ

新型コロナウイルス流行に伴う経済対策として、政府は以下のような二次補正案を打ち出しています。

新型コロナウイルス感染拡大に伴う外国人技能実習生の受け入れ制限によって、急速に人手不足が深刻化しています。

そのため、農業高校等と連携して、スマート農業技術の実証が緊急的に始まりました。

導入が期待される省力化スマート農業技術

- ドローンによる農薬散布
- AIを搭載したキャベツ自動収穫機
- 搾乳ユニット自動搬送装置

資料提供：株式会社クボタ

農業高校等と連携したスマート農業技術の実証

出典）「労働力不足の解消に向けたスマート農業実証」（農林水産省）を参考に編集部にて作成

Chapter1 02

衛星とドローンを活用した可変施肥

農業経営の大規模化に伴い、栽培管理に注目が集まっています。農地一枚ごとの地力にはむらがあります。そこで、地力のむらを踏まえて量を調整しながら肥料を散布する可変施肥が注目されています。

地力のむらをマップ化

土壌診断
土壌の状態をサンプリングして分析し、農家に施肥などの対処策を示すこと。

施肥
肥料をまくこと。

地力に応じて肥料の量を調整する場合、多くは土壌診断の結果に頼っています。ただ、それはあくまでも全体の地力を把握する手段にすぎません。つまり、一枚の畑に肥料を均一にまくことになります。これを、地力のむらに応じてより緻密に行う手法として、最近普及してきたのが可変施肥です。

例えば帯広市（北海道）のコンサルタント会社ズコーシャは、次のようなサービスを提供しています。まずは衛星データから地力のむらが多い箇所を選出し、ドローンでその上空から何も植えていない状態のまま撮影します。

さらに、地力のむらに応じてのデータ上の地図を色分けし、そのデータを顧客である農家に提供するのです。農家はそのデータを可変施肥機に取り込みます。あとは可変施肥機を田畑で走らせるだけです。

試験での経済効果は10a当たり2万3,000円

輪作4品目
小麦、豆類、てん菜、ばれいしょ。畑作4品とも呼ばれる。

a（アール）
1aは約100㎡（平方メートル）。

てん菜はどのくらいの肥料を必要とするのか
てん菜での試験を行ったこの農業法人によると、一般的に10a当たりに投じる肥料は160kgから200kg。例えば、ばれいしょなら60kgと、2倍から3倍以上の量が必要となる。

気になるのはその経済効果です。ズコーシャは北海道の輪作4品目のうちてん菜について試験したところ、ある農業法人では10アール（以下a）当たりの肥料代を8,528円減らすことができました。さらに収量は1万4,771円増えたのです。つまり、経済効果は総計で2万3,000円になるということ（いずれも10a当たり）。ちなみに、てん菜で試験したのはほかの輪作品よりも肥料をより多く必要とするからです。

可変施肥機の価格は300～400万円と高額です。ただ、これから規模が拡大することが確かな未来として到来するのであれば、導入を検討する余地があるといえます。

▶ ドローンを利用した可変施肥の流れ

①ドローンによる
窒素肥沃度のセンシング

解析

②可変施肥マップの作成

タブレット
（Android）

土壌の肥沃度をマップ化し、それに応じて肥料をまく量を調整します。

③施肥機への施肥情報の自動送信
…自動可変施肥の実態

資料提供：株式会社ズコーシャ

🏹 ONE POINT

農業における衛星データの
活用法あれこれ

可変施肥以外の、農業における衛星データの活用法としては、作物の生育状態を把握したり、農地の区画をデータ化したりする試みなどがあります。例えば農地の区画をデータ化するには、グーグルマップなどを使って自分の農地を登録し、登録した農地に関する生産や環境などに関するデータを、一元的に管理することができます。

簡易で汎用的な技術が誕生する可能性あり

品種改良を加速させる
ニューバイオ

農業の品種改良を加速させる技術として注目されるゲノム編集。DNAを切断する酵素を用いて標的とする遺伝子を破壊したり挿入したりして、生物の設計図である遺伝情報を自在に改変する技術です。

品種改良を効率化するゲノム編集

ゲノム編集
DNAを切断するはたらきをもつゲノム編集ツールを使って、遺伝子を改変するバイオテクノロジーの技術。

ゲノム編集ツール
酵素やRNAなどがある。酵素は生体で起こる化学反応に対して触媒として機能する分子のこと。

接木
植物の一部を切り、別の植物とつなぎ合わせること。両方の長所を持ち合わせた、育てやすい苗ができる。4章8節参照。

RNAとDNA
核酸。RNAはDNAから転写されてできるもので、たんぱく質へ情報の橋渡しをするはたらきがある。DNAは、デオキシリボ核酸の略。四種類の塩基と呼ばれる単位であるアデニン、グアニン、シトシン、チミンが互いに向かって並んでおり、その配列によって生命の設計図が描かれる。

ゲノム編集は、作物や動物の品種改良を効率化すると期待され、国内では2019年からゲノム編集で生まれた食品の販売が解禁されました。現在、収量の多い稲や機能性成分を多く含むトマト、肉づきのいいマダイの品種改良が始まっています。

効率的な品種改良に期待がかかるものの、完璧な技術など存在しません。難点を挙げれば、ゲノム編集ツールを標的の作物や動物に導入する方法は、品種ごとに構築しなければいけません。しかし、それを克服する簡易で汎用的な技術が近く誕生するかもしれません。

キーワードは「接木」と「タバコ」

接木とは、2つ以上の作物を人為的に切断面で固定して1つの作物として育てる、2000年以上前から存在するとされる古典的な農業技術です。利点は、それぞれの品種の強みを持ち寄れること。一方、欠点として、別の科同士では接げないとされてきました。その常識を打ち破ったのが名古屋大学発のベンチャー企業、グランド・グリーンです。タバコ属の作物が別の科の植物の接ぎ木として汎用的に使えることを発見したのです。傷口を直す能力がある作物であれば基本的には接げるそうで、すでに70種でその効果が確認できています。さらに、タバコ科の作物を介して接いだ作物に水や物質を輸送できることを利用して、ゲノム編集に結びつけました。タバコ科の作物を注射器の代わりにすれば、酵素やRNAなどのゲノム編集ツールも、標的の作物に簡単かつ汎用的に導入できるのではないか――。

そこで実験を行ったところ、見事にその作物の形質を変えられ

▶ ゲノム編集と遺伝子組換の違い

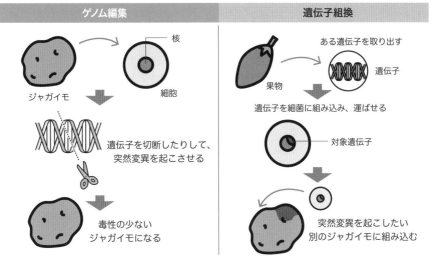

ゲノム編集	遺伝子組換

ジャガイモ　細胞　核

遺伝子を切断したりして、突然変異を起こさせる

毒性の少ないジャガイモになる

果物　ある遺伝子を取り出す　遺伝子

遺伝子を細菌に組み込み、運ばせる

対象遺伝子

突然変異を起こしたい別のジャガイモに組み込む

ることを突き止めたのです。現在、作物が種を作る前に遺伝子を改変し、その遺伝子を受け継いだ種が大量に生産できないかを試しています。標的的作物は野菜や花きで、2021年の前半には新たな品種を出す計画です。

　農林水産省（→18ページ参照）によれば、世界の飲食料の市場規模は2015年に890兆円だったのが、2030年には1,360兆円と1.5倍に膨らみます。これに伴い、種苗の世界市場も現状の約5兆円からさらに大きくなるに違いありません。今回の技術はメジャー品種を次々に改良する可能性があるだけに、増大する世界の食市場にどう貢献するかが注目されています。

強みに強みを接ぐ技術
トマトでいえば、病気に強い品種を台木にして、甘い果実をつける品種を穂木として接ぐことで、病気に強くて甘いトマトがなるようにすることができる。

花き
花や実などを鑑賞するための植物。鉢植えや切り花など。

🏷 ONE POINT
ゲノム編集と遺伝子組換はどう違うのか

　簡単にいえば、遺伝子組換（→84ページ参照）は「新たに遺伝子を入れる」のに対し、ゲノム編集は「その作物や動物がもっている遺伝子を切る」。遺伝子を切る、というと安全性は大丈夫なのかという疑問もわきますが、従来の品種改良でも天然の放射線などで遺伝子を切ることは行われてきました。そのため、現状で出回っているほとんどの食品と、安全性の面でのリスクは変わらないという見かたがあります。

Chapter1
04
メイド・バイ・ジャパニーズ

日本の食産業は将来的に縮小していくという見方が大半です。もはや止められない人口の減少と高齢化を前にしてはそうとらえるのが自然でしょう。しかし、海外に目を向ければ活路を見出せます。

食産業の成長は海外で見込める

　　食産業の市場規模に関する国内と海外の成長性については、アジアを中心に世界的に伸びていき、2030年には2015年と比べて1.9倍に成長するという予測があります（参照：第10章1節「急成長する世界の食市場と日本の輸出力の実態」）。急成長するこの市場に日本が食い込むには、輸出を伸ばすという選択肢があるものの、なかなか難しい道筋です。それよりは、現地で生産をする「メイド・バイ・ジャパニーズ」を推奨するのはどうでしょうか。

　　人口の減少を要因として、GDPが大きく伸びることはないだろうと思われる日本に比べて、アフリカやアジアには、より有力な投資先はいくらでもあります。海外で行うメイド・バイ・ジャパニーズの重要さは、何よりも農畜産物を生産するにあたっての適地性です。

　　海外のある国や地域で売れている野菜や果樹やその加工品を生産するのに、気候や土壌など栽培に関する条件において日本より適している場所は少なくありません。さらに関税や補助金などの貿易障壁や人件費といった条件も含めればなおさら、メイド・バイ・ジャパニーズを海外で生産することのメリットは計り知れません。

国家的なプロジェクトの立ち上げ

　　これまでも農家や企業による自発的な試みはあり、少なからぬ成功例が出ていますが、ここにきて農林水産省が2019年にJ-Methods Farming（JMF）というプロジェクトを立ち上げました。これは、日本の高い技術（種苗、農業機械、農薬、肥料など）をパッケージ化して国際展開する、というものです。参画企

メイド・バイ・ジャパニーズ
文字通り「日本人が作った」農作物のこと。良質であり、世界に通用する価格で供給できれば、大きなビジネスチャンスにつながる。

農林水産省
食料の安定供給や農林水産業の発展に貢献する日本の行政機関。

J-Methods Farming（JMF）
日本農業の優れた技術をパッケージとして実証するためのモデルルームを他国に設置する取り組み。日本の農業技術の高さと優位性を海外に伝えるのが狙い。

▶ J-Methods Farming（JMF）の概要

日本の農業界の海外進出を支援する取り組みです。発展途上国の農業生産性や農作物の安全性を向上させ、今後見込まれる世界の人口増加に対応した食糧需給の改善をはかることを目的としています。

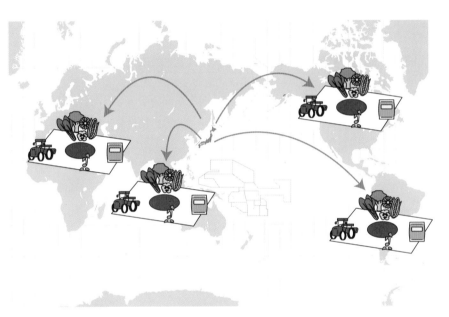

2019年12月中旬には収穫を開始し、2020年2月にはインドを代表する高級スーパーマーケットで販売イベントが行われました。

出典）「J-Methods Farming　日本農業のモデルルームの国際展開」（農林水産省／令和元年10月）を参考に編集部にて作成

業とともにインドのグジャラート州で生産し、流通や販売も含めた実証試験を進めるといいます。日本農業の発展にとって、注目したい取り組みです。

Chapter1 05

牧草地の衛星データを AI解析で草種判別

別海町（北海道）の酪農家らが、牧草地の衛星画像を人工知能で解析して、草種の分布を把握する技術を開発します。開発する技術で畑ごとの収穫の適期を見極め、良質な飼料の生産につなげる狙いです。

コントラクター
畜産経営の大規模化に伴い個々の酪農家が飼料の生産まで手が回らなくなったことから作られた、その作業について受託し、共同で行う組織。

飼料としての適性
道東地方ではサイレージの主原料となるのはイネ科のチモシー。酪農家は草地を更新する際にその種をまくが、年月を経るに従い、イネ科リードカナリーグラスやイネ科シバムギなどの雑草が畑に侵入し、その分布域を広げる。

牛が食まない餌
例えばリードカナリーグラスはチモシーより生育の速度が早いため、チモシーに合わせて収穫すると、繊維質が多く残ってしまい、サイレージにしたときに不良発酵しやすくなる。

実証実験の狙い
例えば事前にリードカナリーグラスが多いことを確かめれば、刈る時期を早めるなどの対策が取れる。

別海町は国内最大の酪農地帯

別海町の総農家戸数748戸のうち、乳業牛を飼っているのは708戸にもなります。牛の飼養頭数が約11.1万頭、このうち乳牛は10.3万頭に及びます。その生乳生産量は48万トンと、全国の約6％を占めます。もちろん市町村別でトップの成績です。

国内最大の酪農王国を支えるのは自給飼料。別海町含めて道東地方は、総じて牧草の自給率が全国平均よりも非常に高いのです。西春別地区でその牧草を生産する作業を代行する**コントラクター**は、17戸の酪農家がつくるウエストベース。会員の牧草地1,300haを耕しており、今回の実証試験に参加します。

実は、道内牧草地の5割は雑草です。草地の更新を毎年実施すれば雑草の侵入や分布を防ぐものの、播種にかかる費用や作業時間との兼ね合いで、実際には草地の更新は道内全体で3～4％程度。つまり、25年から33年に一回という割合なので、雑草も「牧草」として利用せざるを得ないのです。

収穫適期を予測し生産履歴を追跡する

そこで問題になるのは餌としての適性です。牛が満足に食い込まないような餌であれば、乳量を落とす原因となってしまいます。それを防ぐためには畑の草種を判別し、収穫の適期を見極めるしかありません。

狙いはもう1つ、生産履歴を追跡することにもあります。**サイロ**は三方をコンクリート壁で囲まれた部屋がいくつも並列しています。畑で収穫してきた草はそれぞれの部屋に順次詰め込まれていくので、各部屋にあるサイレージはいつ、どの畑で収穫した草が原料であるかは、データを見れば概ねわかるようになってい

▶ 牧草からサイレージを作る

雑草も混じっている牧草地から、牧草を収穫してサイレージ（飼料。サイロで発酵させたもの）にします。データを管理し、AIが判別することで、よりサイレージに向く牧草地を知ることができるようになります。

す。さらに組合員が飼っている乳牛の生産量に加え、繁殖の実績や疾病の発生などを個体ごとにデータで管理しているため、一連のデータに異常が発生すれば、サイレージの生産履歴と紐づけて原因を追究できるとみています。

サイロ
サイロとは家畜の飼料を貯蔵する倉庫や場所のこと。

 ONE POINT

経営の最適化にビッグデータを

西春別地区の酪農家らはTMRセンターを核にして、地域の酪農に関するあらゆる情報を共有するビッグデータを作ろうとしています。別海町の酪農家が目指すビッグデータ化は、すでに世の中にありながら結びついていなかった膨大な情報を一元的に管理し、草地から牛乳までを紐づけて最適な状態に近づけるという野心的な試みです。別海町では全国よりも一頭当たりの年間の生乳生産量は多い代わりに、全国と同じく平均産次は短くなっています。こうした現状が経営にとって最適だとは、データがないので言い切れません。ビッグデータを解析することで、「経営バランスが最もいいところをシミュレーションできるはず。経営の最適化に役立てたい」と関係者は話しています。

Chapter1
06

カイゼンが進む農業の現場

日本に数多くある農場のなかでも、そこは一見して変わっていました。事務所でも作業場でも、看板やボードなどがしきりに目に入ります。農業においても「カイゼン」が進む現場があるのです。

トヨタ自動車の実例と現場での新たな取り組み

「カイゼン」とは、生産現場の効率や安全性の確保を見直す活動の一環を指します。特徴は、現場の作業者が中心となり、知恵を出し合うこと。トップダウン式の改善と区別するために、カタカナで表記されています。農業でも、鍋八農産（愛知県）がトヨタ自動車からボトムアップで業務の内容やプロセスを見直す「カイゼン」の手ほどきを受けてきました。ただし、一方的に習うばかりではありません。さらなる社員の発案で農場は日ごとに進化しているのです。

たとえば事務所のボードに描かれたマトリックス表の「能力マップ」。縦軸には耕起や代かきなど数十に及ぶ年間の作業名を、横軸には社員名を書き、作業別に各社員の技能の到達度を6段階で色分けしています。この表を見ながら、社員はより高い段階へと研鑽を積むし、会社はどの作業に習熟者が少ないのかという弱点を把握できます。

小集団で緩やかな集まりが生むメリット

こうしたカイゼンの源泉は「小集団活動」にあります。社員が課題となるテーマを設定し、小グループを組み、生産性の向上や職場の環境の改善のために毎週話し合っては実行するのです。小さく緩やかな集まりなので、後輩の社員でも意見を出しやすく、しかもその意見が経営に反映されやすい。だから社員も次々とアイデアを出したくなります。

小集団活動が変えたのは、経営者抜きでも社員が自ら考え、カイゼンに向けて行動するようになったこと。日本の農業は大規模化と法人化が急速に進み、かつてのように経営者がワンマンで仕

鍋八農産
約200haの水田と、おにぎり屋を経営する愛知県弥富市の農業法人。

農作業の事故を防ぐために
鍋八農産では、ヘルメットや安全靴を全社員が日常的に使っている。

耕起
土を掘り起こし、耕すこと。

▶ 鍋八農産「カイゼン」の取り組み

能力マップ

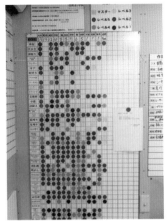

大きな看板を掲げ「何がどこにあるか」誰にでもわかるようにしています。

資材の整理

能力マップは、自己申告に基づき、社長と責任者が審査して作ります。

切る時代は終わりを迎えつつあります。農業界として大きな組織を回す術を十分に持ち合わせてはいないなか、異業種から学ぶことは少なくないことを鍋八農産は教えてくれています。

📣 ONE POINT

トヨタ自動車から学んだ カイゼンの具体例

コメのもみの荷受け、乾燥や調製をするライスセンターには「玄米工場」「低温倉庫1」「低温倉庫2」「休憩所」といった文字を大きく表記した看板が散見されます。「入社したばかりの新人でも何がどこにあるかがわかるようにしてあるんです」。約200haという広大な水田を経営する鍋八農産（愛知県弥富市）の八木輝治社長はこう説明します。「空パレット置場」「プラスチック置場」「修理機材置場」といった物の置き場を示す看板もあります。地面には白いペンキで枠を囲ってあり、枠内に空のパレットやプラスチックが整然と置かれています。看板や白線が、社員の整理や整頓の意識も高めているのです。周囲の相次ぐ離農で経営面積は急激に拡大し、それに伴って増えてきた社員が、職場の環境に早く順応してもらうための心遣いです。

ロボトラが走る日は来るのか

ロボット農機（ロボットトラクター。以下ロボトラ）は、2020年に無人状態での自律走行の実現が計画されています。人は遠隔地からその監視と制御をするだけでいい時代の到来が見込まれているのです。その成否を占う産学官連携の実証実験を披露する視察会が、2019年10月末、岩見沢市（北海道）で開催されました。

5Gの鮮明な画像で事故防止

会場となった講堂の前方に設置したのは、四台のモニター画面。映っているのは二台のロボトラの、それぞれ前後の部分とその付近の様子です。10km離れた農地で待機するこれらを含めた四台を、PCを使って同時に動かすといいます。

ロボトラとその周囲で起きていることの画像データを良質なままで同時に入手し、事故を未然に防ぐために欠かせないのは、モバイル通信の高速化と大容量化を果たす5Gです。もちろんロボトラには、人や障害物を検知するセンサーが標準装備され、危険を回避する能力は、基本的に備えられていました。ただ、万一に備えて人がモニター画面で監視しているところで予想外の事態が起きれば、車体を緊急停止させる必要があります。無人状態のロボトラを走行させる場合の人による監視は、現状は農地で立ち会うことが条件になっていますが、2020年以降は遠隔地で行えるようになることが計画されているのです。

しかもGPSを活用して事前に設定した経路に沿って走るロボトラは、究極的には24時間体制で作業することが期待されます。日が落ちた時間に走行をさせる場合であっても、モニター画面を通して車体やその周囲の様子を監視できなければなりません。それには4Gだと限界があるわけです。

ロボトラが農地を走る日は本当に来るのでしょうか。北海道のように一枚当たりの農地が大きく、ある程度は集約できているならいざ知らず、それと正反対ともいえる状態の農地が集中する都府県ではどうでしょうか。農家から疑問視する声は少なくありません。農地問題を解決しない限り、ロボット農機が日本の大地を快走する日は来ないと考えています。

第2章
日本の農業を知るための基礎知識

日本の農業をめぐっては、農家の高齢化や減少で悲観論が根強くある一方、農畜産物を生産する技術は世界有数という楽観論もあります。いずれも本当でしょうか。本章では数字を追いながら、その実態を探っていきます。

Chapter2
01

減少する農業の総算出額

残念ながら、日本の農業は衰退してきたといわざるを得ません。それは農業総産出額を見ればはっきりとわかります。1984年に11.7兆円だったのが、2017年には9.3兆円にまで減りました。およそ30年間で20%も減っているのです。

農業衰退の主因

　日本の農業が衰退してきた主因は、コメにあります。この30年間の産出額の推移を品目別に見ると、畜産は3.3兆円から3.2兆円、野菜は2.0兆円から2.6兆円、果実は0.9兆円から0.8兆円となっており、いずれも数千億円単位の変動と、そう大きくは変わっていません。

　一方で、コメを見てみると3.9兆円から1.7兆円と半分以下になっており、別次元の落ち込み方です。農業総産出額はこの四半世紀の間に2.5兆円減ったことになります。このうちの9割近くがコメの減額分なのです。

農業総産出額
農業の総産出額。農産物の品目別生産量から種子、飼料等の中間生産物を控除した数量に、当該品目別農家庭先価格を乗じ、さらに合計したもの。

生産を減らすことの末路

　一連の数字でもう1つ注目したいのは、品目別の農業産出額の多寡においてコメが下落したこと。今や稼ぎ頭は畜産であり、コメはかつての1位から野菜に次いで3位に転落しています。それでも農政は、コメを最重視してきました。国家予算を見るとそれは顕著で、例えば2016年度の農林水産予算2.3兆円のうち、およそ3分の1がコメに関するものなのです。

　では、国はそれだけ多額のコメに関する予算を何に投じてきたかといえば、「減反政策」と呼ばれる生産調整です。コメが余り気味になり始めた1970年に需給を調整するためにこの政策に着手し、コメの生産量を減らすため、それに協力した産地や農家に、総額8兆円以上を支払ってきました。不思議なのは、補助金や交付金の支払い対象となる農家について専業か兼業かは問わなかったこと。稲作農家の総所得は平均412万円ですが、このうち農業所得は27万円と6.5%に過ぎません。

減反政策
コメを作らない代わりに大豆や麦など別の作物を作付けしたぶんだけ、農家や産地に補助金を支払うしくみ。1970〜2017年まで続いた。2018年をもって廃止したとされるが、実際には転作する産地や農家を対象に補助金や交付金を支払う政策が続いている。

▶ 農業総産出額の推移

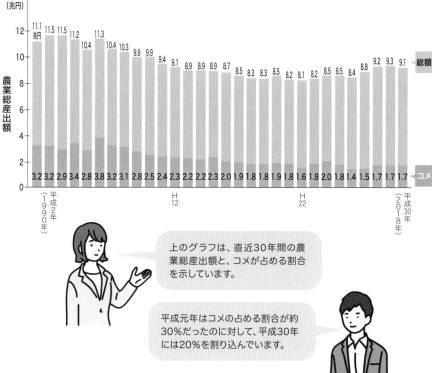

上のグラフは、直近30年間の農業総産出額と、コメが占める割合を示しています。

平成元年はコメの占める割合が約30%だったのに対して、平成30年には20%を割り込んでいます。

▶ 生産農業所得の推移

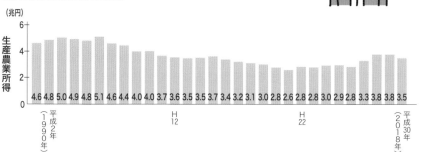

出典）「平成30年　農業総産出額及び生産農業所得（全国）」（農林水産省／令和2年1月15日公表）を参考に編集部にて作成

　結果、総じて稲作農家は生産量を増やす努力を怠ってきました。補助金をもらうことのほうに気持ちがいってしまったからです。生産を減らすという政策が、どれだけ農家の経営を損なったかは、農業総産出額の減少が示すとおりです。

日本の農家の実態

農家の高齢化も減少も、日本の農業が衰退している要因であるとされてきました。しかし、果たして本当でしょうか。ほかに要因はないのでしょうか。さまざまな政治的な理由が見え隠れしています。

一部の優れた経営者が支える日本の農業

　日本の農家の大半は、零細であるという現状があります。例えば販売金額別に農業経営体の割合をみると、200万円以下の階層が全体の71％を占めています。しかし、この階層が全販売金額に占める割合は8％にすぎません。一方で、1,000万円以上の階層は全農業経営体の9％と少ないながら、全販売金額の73％を稼いでいます（いずれも2015年時点）。

　産業的な観点からすると、日本の農業は一部の優れた経営者が支えている、ということになります。ということは、販売金額が少ない零細な農家がやめても影響は少ないと、言い換えることもできるのです。農業を産業として育てるのであれば、農家の高齢化や減少を問題視するよりも、1,000万円以上の階層に対する支援をどうするかを検討するほうが効果は出やすいのです。

打つ手なしの大量離農

　農家の高齢化や減少が日本の農業の危機としてとらえられているという現実は、確かにあります。それは、農林水産省やJA、農林族議員が、そのように訴えてきたからです。三者にとっては農家数が多いほうがいい実情があります。農林水産省は農家が多いほど予算が獲得できますし、JAは農家はお客さんであるので、その数が多いほどに取扱高も増えます。また、農林族議員にとっては、農家は選挙での当選に欠かせない票田です。

　このような背景から、農政側は農家が農業から退出しないようにさまざま手段を高じてきました。とはいえ、すでに始まっている大量離農の前では、なすすべもありません。日本の農家は、高齢を理由にこれから急激に減っていきます。

JA（農業協同組合）
主に農業者によって組織される協同組合。いわゆる農協。

農林族議員
農林分野に精通して農林水産省の政策決定に強い影響力を持つ議員。

▶ 日本の農業の労働力

普段から仕事として農業に従事している基幹的農業従事者の高齢化が進み、現在平均年齢は67歳となっています。

今後、高齢によるリタイアや、若い人材が他業種に流出していくことを考え合わせると、大幅に減少する大量離農時代を迎えることになります。

▶ 農業就業者数の試算

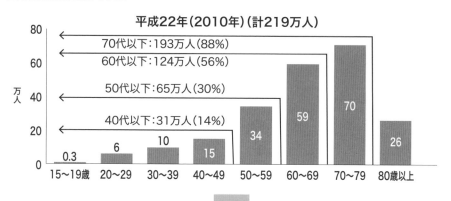

平成22年(2010年)(計219万人)

70代以下:193万人(88%)
60代以下:124万人(56%)
50代以下:65万人(30%)
40代以下:31万人(14%)

万人

| 15〜19歳 | 20〜29 | 30〜39 | 40〜49 | 50〜59 | 60〜69 | 70〜79 | 80歳以上 |
| 0.3 | 6 | 10 | 15 | 34 | 59 | 70 | 26 |

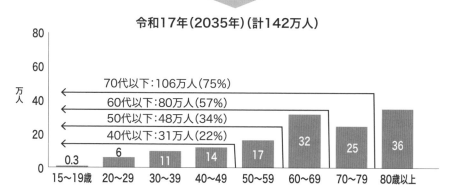

令和17年(2035年)(計142万人)

70代以下:106万人(75%)
60代以下:80万人(57%)
50代以下:48万人(34%)
40代以下:31万人(22%)

万人

| 15〜19歳 | 20〜29 | 30〜39 | 40〜49 | 50〜59 | 60〜69 | 70〜79 | 80歳以上 |
| 0.3 | 6 | 11 | 14 | 17 | 32 | 25 | 36 |

高齢者が大半を占めることは変わりないうえ、全体の人数も約3分の2に落ち込む予測です。50代以上が100万人以上となります。

出典)「人口構造の変化等が農業政策に与える影響と課題について」(農林水産省／平成30年10月11日)を参考に、編集部にて作成

第2章

日本の農業を知るための基礎知識

大量離農の時代

農業従事者が高齢化しているのは周知の事実です。2015年には、平均年齢が67歳になりました。この流れを止めることはできず、すでに多くの農家が一斉にやめる「大量離農の時代」に入っています。

かつてないほどの規模で進む離農

農林業センサス
センサスとは大規模調査という意味。農林水産省が5年ごとに発表するすべての農家を対象とした動態調査。

販売農家
耕地面積が30a以上、あるいは農産物の販売金額が50万円を越えている農家のこと。どちらの数字にも満たない自給的農家を除いた農家のことである。

基幹的農業従事者
農業就業人口のうち、普段の主な状態が自営農業の者。

農林業センサスでは、販売農家のうち基幹的農業従事者の平均年齢を取っています。その平均年齢の推移をたどると、1995年には59.6歳だったのが2015年には67歳になっています。

平均年齢が70歳に迫った、というのは、実は大きな問題を抱えています。というのも、農家は70歳を迎えると一斉にリタイアをするからで、これは過去の統計がはっきりと示しています。基幹的農業従事者の年代別の人口割合を示す折れ線グラフは70歳を機にはっきりと落ち込んでいます。つまり、かつてないほどの規模で離農する人たちが出る時代にここ数年で突入するか、あるいはすでに突入しているのです。

地域ごとに抱える離農事情

地域ごとに離農の実態は異なります。作っている品目も違えば、合理化に向けて農地の区画を大きくする基盤整備や機械化の進み具合も違うからです。例えば、作っているのが重量型の農産物なら、高齢者には負担が大きすぎるでしょう。逆に、軽量な農産物を作っていたり、あるいは基盤整備や機械化ができていたりすれば、ある程度歳を取っても、それなりに作業はこなせます。だから、高齢化の深刻さには地域差があるのです。

高齢化が著しいのは一部のコメ産地とかんきつ類以外のモモやブドウなどの果実を作っている地域です。かんきつ類と比べて、ほかの果樹は栽培に手間がかかるからです。例えば10a当たりの労働時間で比較してみると、果樹でもっとも多いのはブドウの427時間。続いてナシ389時間、リンゴ273時間、モモ254時間。対して、かんきつ類のミカンは206時間となっています（農林水

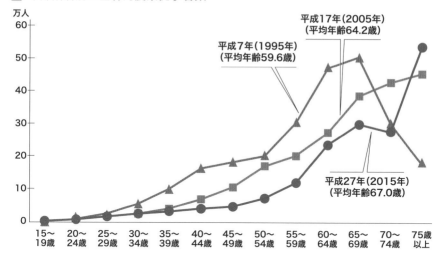

▶ 年齢階層別の基幹的農業従事者数

万人

平成7年(1995年)
(平均年齢59.6歳)

平成17年(2005年)
(平均年齢64.2歳)

平成27年(2015年)
(平均年齢67.0歳)

(横軸) 15〜19歳 / 20〜24歳 / 25〜29歳 / 30〜34歳 / 35〜39歳 / 40〜44歳 / 45〜49歳 / 50〜54歳 / 55〜59歳 / 60〜64歳 / 65〜69歳 / 70〜74歳 / 75歳以上

10年ごとの基幹的農業従事者数の推移を見ると、20年間で平均年齢が20歳も上がっています。若者の農業離れ、農家の高齢化が顕著に見て取れます。

▶ 農産物販売金額規模別の基幹的農業従事者の平均年齢

平成27年(2015年)

農産物販売金額	平均年齢 (単位:歳)
平均	67.0
300万円未満	70.9
300万円〜700万円	64.4
700万円〜1,500万円	60.2
1,500万円〜3,000万円	57.1
3,000万円〜5,000万円	55.2
5,000万円〜1億円	54.0
1億円〜3億円	53.4
3億円〜5億円	53.5
5億円以上	53.1

基幹的農業従事者数が減っている一方で、金額が5,000万円以上では、55歳未満となっていることから、農産物販売金額が大きいほど平均年齢が低くなる傾向があることがわかります。

出典)「特集2 変動する我が国農業〜2015年農林業センサスから〜」(農林水産省)を参考に編集部にて作成

産省「果樹をめぐる情勢」農林水産省／2015年2月版)。

　とはいえ、負担の少ない地域でも、離農や耕作放棄は他人事ではありません。次世代が入ってこなければ、いずれ家業や経営をつぶす日はやってくるからです。

第2章 日本の農業を知るための基礎知識

Chapter2 04

耕作放棄地を
問題視する必要はない

農家の高齢化や減少だけでなく、耕作放棄地の増加も日本農業の危機として
とらえられています。耕作放棄地は、42万haに達しており、埼玉県や滋賀
県の面積にも相当します。

耕作放棄地はすぐ農地に戻せる

耕作放棄地
以前は農地であった
ものの、過去1年以
上は何も栽培せず、
さらに当面は耕作さ
れる予定のない土地
のこと。

　農林水産省は、耕作放棄地が増えることの問題点として「数年
放置されると草木が生えて、農地に戻れなくなること」を挙げて
います。とはいえ、実は再び農地に戻すことは物理的にはそう難
しいことではありません。なぜなら放棄されている農地のほとん
どは、耕作するのに条件の悪い山間部などにあるからです。そう
した農地は昔の技術で切り開いたわけで、現代の機械や技術をも
ってすれば、より楽に農地に戻せます。だから農林水産省のこの
指摘は当たりません。

造成した土地が余ってしまう現状

造成
山林や原野など未開
の土地を切り開き、
田畑や果樹園、牧草
地などに変えること。

ha
ヘクタール。メート
ル法における単位。
1万平方メートルの
こと。

**日本人の
摂取カロリーの推移**
ピークの1971年以
降、摂取カロリーは
落ち続け、2014年
には1,863キロカロ
リーまで下がった。
これは戦後すぐの
1946年より低い数
字。理由は1971年
を機に、食の価値が
「量」から「質」へと
転換したことにある。

　耕作放棄地が発生している責任のいったんは、農林水産省にも
あります。というのも、農林水産省は戦後、「食糧増産」のため
に農地の造成事業を進めてきました。農林水産省の統計「耕地面
積及び耕地の拡張・かい廃面積」の数字を追っていくと、1956
年から今日に至るまで120万ヘクタール（以下ha）という大変
な規模の農地が造成されていることがわかります。

　たしかに、戦後しばらくは食糧不足から農地を造成する必要は
ありました。ただ、1970年代に入ると、食料は「供給過剰」の
時代に移ります。それは日本人の1日当たりの摂取カロリーの推
移を見れば明白です。戦後すぐの1946年は1,903キロカロリー
でしたが、その後右肩上がりで増え、1971年には2,287キロカ
ロリーとなってピークを迎えています。以後はひたすら下がる一
方で、2014年には1,863キロカロリーまで下がっていますが、こ
れは戦後すぐの1946年より低い数字です。1971年を機に食の価
値が「量」から「質」へと転換したといえます。つまり食料は十分

▶ 耕作放棄地面積の推移

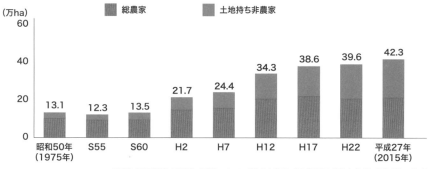

（万ha）

■ 総農家　　■ 土地持ち非農家

昭和50年（1975年）13.1
S55 12.3
S60 13.5
H2 21.7
H7 24.4
H12 34.3
H17 38.6
H22 39.6
平成27年（2015年）42.3

出典）「荒廃農地の現状と対策について」（農林水産省／平成28年4月）を参考に編集部にて作成

耕作放棄地とは、以前耕作していた土地で、過去1年以上作物を作付けせず、この数年の間に再び作付けする意志のない土地のことです。

耕作放棄地の面積は、2015年には42万3千haにも達している。

足りていて、1970年代以降については、国を挙げて農地を造成する必要はなかったと考えることができます。

　このとき造成しすぎた農地が、今や耕作放棄地になっている場合も少なくないのです。

　そもそも、農地が耕作放棄地になる要因は採算性が悪いから。それをまた農地に戻したところで、どれだけ営農を続けられる可能性があるでしょうか。

Chapter2 05

日本の農業技術は高いのか

日本の農業技術は世界でも抜きん出ているという話をときどき聞きます。しかし"収穫量"という面からいうと、それは必ずしも正解ではありません。コメですら世界で16位（2017年）と、優れているとは決していえないのです。

コメの収穫量ランキングは世界16位

　農業技術を評価する指標には、さまざまなものがあります。ここでは、食料が人の生存を支えるものであるという観点から、収穫量を挙げてみます。世界との比較のなかで単位面積当たりの収穫量のレベルを見てみましょう。

　「瑞穂の国」という言葉があるとおり、日本では稲作が盛んに推奨されてきました。国際連合食糧農業機関（FAO）によると、コメの10a当たりの収穫量は2017年で667kgと、世界ランキングで16位。1位のオーストラリアは982kgで、3割以上の開きがあります。日本のお家芸といえるコメにしてこの程度なので、ほかの品目を見渡してもいずれも高くはありません。

日本は輸出に強くない

　こうした事態になった理由の一端は、日本には輸出するという発想が長らくなかったからです。輸出に求められる条件の1つは価格競争力の高さ。同じ品質の農産物に関して、他国よりいかに安く生産するかによってそれは決まります。残念ながら日本はそれを追い求めてきませんでした。逆に価格競争力が高い外国産の農産物は関税などの障壁を設けて輸入に規制をかけ、国産を守ってきたのです。結果、国産は価格競争力を失っていきました。

　事実、以前であれば日本のコメの実力は、収穫量という面においても、もっと高かったのです。FAOが統計を取り始めた1961年は488kgと世界ランキングで5位。以後、その地位を落としていったのは生産調整（減反政策）が始まったからなのです。コメの生産量を減らすため、国は収穫量の高い品種の開発をぴたりとやめてしまいました。そのつけが今に響いているといえます。

国際連合食糧農業機関（FAO）
世界の農林水産業の発展と農村の開発に取り組む国連の専門機関。本部はイタリアのローマ。

生産調整
コメの生産量を減らすため、1970年に始まった国の政策。減反政策（→P26参照）のこと。

▶ 水稲の収穫量 国・地域別ランキング

順位	1961年の10a当たり収量（kg）	
1	スペイン	636
2	オーストリア	590
3	イタリア	568
4	エジプト	505
5	日本	488
6	ポルトガル	468
7	アルジェリア	455
8	北朝鮮	431
9	韓国	415
10	ペルー	409
11	フランス	405
12	トルコ	395
13	米国	382
14	ブルンジ	376
15	ギリシア	367
16	パプアニューギニア	356
17	ウルグアイ	354
18	ブルガリア	351
19	台湾	327
20	アルゼンチン	324

順位	2017年の10a当たり収量（kg）	
1	オーストラリア	982
2	エジプト	930
3	ウルグアイ	850
4	アメリカ	841
5	トルコ	821
6	タジキスタン	780
7	スペイン	776
8	ホンジェラス	732
9	モロッコ	720
10	ペルー	719
11	韓国	700
12	中国	692
13	香港、マカオ、台湾	691
14	エルサルバトル	687
15	イタリア	678
16	日本	667
17	パラグアイ	660
18	アルゼンチン	651
19	メキシコ	639
20	ニカラグア	622

資料提供：FAO

日本の順位が落ちてしまった背景に、ほかの国々が生産力を高めてきたこともあります。ただ、日本が生産力を伸ばさなかった、という現実もあるのです。

👍 ONE POINT

量よりも質を
追求してきた日本のコメ

1970年に生産調整が始まってから、国の品種改良は「量」よりも「質」に傾いていきました。ここでいう質とは食味のこと。その代表格は「コシヒカリ」です。以後、品種別の作付面積のトップは、ほとんどが「コシヒカリ」とその血筋の品種が占めるようになってきました。

日本最大級の組織・JA

JAは、日本の全市町村に存在する農業協同組合です。ここではその組織の概要について、簡潔に説明します。

日本最大級の組織・JA

農業協同組合（農協）は大きく総合農協と専門農協に分かれます。総合農協とは農畜産物を扱う販売事業と肥料や農薬を扱う購買事業、貯金や資金貸付をする信用事業、保険業務を行う共済事業などを幅広く手掛ける組織です。一方、専門農協とは酪農や果樹など作物別に事業を行う組織です。一般にJAという場合は前者の総合農協を指します。

JAの組織の構造を見ると、まずは市町村や地域に拠点を置く「単位農協」があります。さらに都道府県組織、全国組織という3つの階層によるピラミッド構造をなしています。

さらに細かく見ていくと、JAは組合員で構成され、彼らの出資金で成り立っています。都会に住んでいる人には、JAというと農家で構成していると思われるかもしれませんが、それは事実ではありません。組合員には2種類あり、1つは農業を仕事にする正組合員、もう1つは農業を仕事にしていないけれどもJAに出資金を支払っている准組合員です。その合計は1,050万人（2017年度）と国民の12人に1人がJAの組合員という計算になります。これは恐らく日本最大の組織でしょう。

農業を生業としない組合員で構成される組織

ところで組合員の内訳を見ると、正組合員は430万人に対して、准組合員は620万人と、准組合員のほうが多くなっています。この「逆転現象」は2010年に起きました。農家が一斉にやめていく大量離農時代に入った以上、この傾向にはますます拍車がかかっていくことは目に見えています。農業を仕事としない組合員がさらに増えていく組織は果たして農業協同組合と呼べるのでしょうか。

協同組合
中小規模の生産者や消費者が相互扶助の観点から、各自の事業・生活の改善のために組織する団体。

農協
協同組合の1つ。農協法に基づいて設立される。農協法の目的は「農業者の協同組織の発達を促進することにより、農業生産力の増進及び農業者の経済的社会的地位の向上を図り、もって国民経済の発展に寄与すること」。

JAの組織構造

出典：「平成30事業年度統合農協統計表」（農林水産省）を参考に編集部にて作成

①**JA全中**…一般社団法人全国農業協同組合中央会。農政、広報、経営支援、情報システム、総合企画、管理などを行う。

②**JA全農**…全国農業協同組合連合会。組合員が生産した農畜産物を集荷して販売する。共販することにより、数量、レベルともにそろうことから、良い生産物を市場で販売できるというメリットがある。また、組合員に安定的に農業資材を提供する購買事業も行う。

③**JA共済連**…組合員・利用者と共済契約を締結。生命と損害の両分野を保障している。

④**農林中金**…通称JAバンク。主に組合員の預金を原資として、貸し出し事業などの各種金融サービスを行う。

⑤**JA全厚連**…医療施設に恵まれていない農村地域での病院・診療所の設置・運営や健康診断などの厚生事業を行う。

　この組織が誕生したのは戦後すぐ。当時はその足元は多くが純然たる農村で、組合員といえばすなわち農家でした。それが農村の産業構造が変わった今、JAはかつての農家の子弟を組合員にすることにある種の自己矛盾を感じつつも、肥大化した組織の存続に打つ手なしといった印象を受けます。

Chapter2
07

日本の野菜市場における
輸入品の役割

日本の野菜の市場を見ると、家庭用の需要は減っているものの加工・業務用の需要は増えていて、この分野は輸入野菜に引き合いがあります。特に需要が伸びている冷凍野菜も、成長した分を輸入でまかなっている状態です。

加工・業務用に使われる輸入野菜

野菜の加工品
野菜の瓶詰、缶詰など。トマトジュース、トマトピューレ、トマト缶、漬物以外の塩蔵野菜、ピクルスも含まれる。

野菜の輸入量は、生鮮と加工品を合わせて年間260〜270万トン程度です。中国からが5割、米国が2割、そしてニュージーランドから5％で、この3カ国で輸入量の7割以上を占めます。生鮮野菜を品目別に見ると、玉ネギ、カボチャ、ニンジン、長ネギ、ゴボウの5品目で7割を占めます。

こうした輸入品は、特に加工・業務用に使われます。加工・業務用は、定時に定量が安定した価格で購入できる必要があります。輸入品にも相場の変動はありますが、総じて安く、安定的に調達しやすいため、加工・業務用の原料は3割が輸入品となっています。とはいっても、農林水産省の調査によると、実需側は国産野菜を増やしたいと考えるところが5割を超えており、実需のニーズに応えられる体制が整えば、国産の割合を高めることができるかもしれません。

野菜全体の消費傾向
家庭での消費用は減少傾向にあり、加工・業務用が野菜全体の流通量の約6割を占める。国産野菜は、家庭消費用のほぼ100％を占めているのに対し、需要が伸びている加工・業務用は7割にとどまる。増えている加工・業務用の需要にうまくはまったのが、輸入野菜だ。

冷凍野菜は輸入がほとんど

一方、冷凍野菜の輸入量は、このところ過去最高を更新し続けており、2018年は前年比4.3％の増でした。フライドポテト用に需要の多いジャガイモや、ブロッコリーが堅調です。ほかに冷凍枝豆、冷凍ホウレンソウなどがあります。国内の冷凍野菜の流通量は伸びていますが、国産の量は変わらないので、輸入量の増で伸びをまかなっている状況です。冷凍野菜は家庭でも消費されますが、外食産業やスーパーマーケットの惣菜用など業務用の需要が伸びています。冷凍野菜に国産の原料が少ない理由として、価格が輸入品に比べて割高であることと、生産者が減少傾向にあり安定的な確保に課題があることが挙げられます。

▶ 野菜の需要構造（平成29〈2017〉年度）

2017年度における野菜の需要構造及び国内外産の別は以下のとおり。

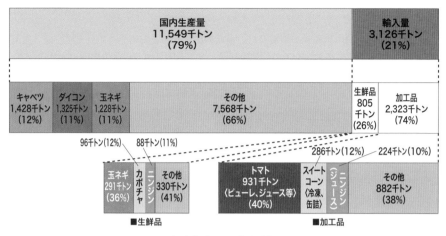

出典）「野菜をめぐる情勢」（農林水産省／令和元年12月）を参考に編集部にて作成

▶ 冷凍野菜の国内流通量の推移

増加傾向で推移している。2012年以降は100万トンを上回る水準となり、このうち90万トン以上は輸入によるもの。輸入量と国内の農産品生産量を合計して算出している。

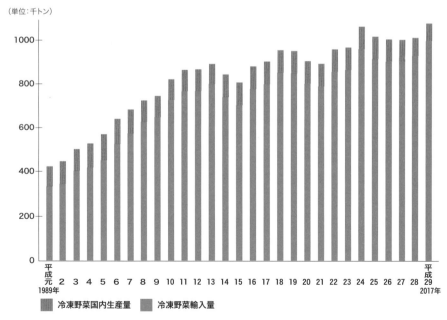

出典）「冷凍食品の生産・消費について」（一社日本冷凍食品協会）を参考に編集部にて作成

果実の輸入のすう勢

日本国内の果実の消費量は、長期的に見ると下落傾向にあります。輸入を見ると、果実ジュースの消費量が減るなど、加工品の不調の影響が大きい一方、生鮮と乾燥は微増です。国産、輸入、輸出などはどんな状況でしょうか。

果実市場の現状と輸入状況

　　果実の輸入量は生鮮が170万トンほど、果汁や缶詰といった加工品が80万トンほどです（2018年）。加工品に占める輸入の割合は、9割と非常に高くなっています。

　　生鮮のうち、バナナ、パイナップル、キウイフルーツ、オレンジ、グレープフルーツ、アボカドの6品目でほぼ9割を占めます。一方、加工品は、缶詰とジュースが7割を占めます。価格に関しては、国産の果実だけでなく輸入品も、人件費増などを受けて上がっています。

　　輸入量はバナナ、リンゴ、オレンジといった品目の輸入自由化に伴い、増加傾向にありました。しかし、2005年にピークに達して以降、減少傾向に転じ、ここ数年、わずかながら持ち直している状況です。

関税の引き下げや円高の影響も

**環太平洋
経済連携協定**
環太平洋パートナーシップ協定ともいう。略称はTPP。経済の自由化を目的としている経済連携協定（EPA）の1つ。

関税の引き下げ
アボカド、マンゴー、ブドウなどは即時撤廃。バナナ、オレンジ、リンゴなどについても発効から6〜11年後の撤廃。

　　2018年の果実の輸入量は前年比2.93％の増、輸入額は7.1％の増、そして、翌19年の輸入量は0.8％の増でした（財務省の貿易統計より）。

　　長期的には国内の果物消費の減退を受けて下落基調にあるものの、ここ数年、わずかながら持ち直している状況です。

　　長期的にみると、加工品の減少率が大きく、これは果実ジュースの消費の減少が影響しているようです。

　　一方、生鮮と乾燥の果実は、2014年から若干の増加に転じています。環太平洋経済連携協定（TPP11）が2018年末に発効したことに伴う一部の果実の関税引き下げや円高も影響していると見られ、輸入量はさらに増えるかもしれません。

▶ 果実の生産量と輸入量の推移

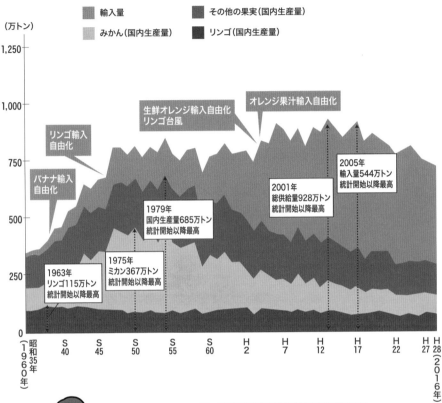

凡例：
- 輸入量
- その他の果実（国内生産量）
- みかん（国内生産量）
- リンゴ（国内生産量）

（万トン）縦軸：0、250、500、750、1,000、1,250

横軸：昭和35年（1960年）、S40、S45、S50、S55、S60、H2、H7、H12、H17、H22、H27、H28（2016年）

バナナ輸入自由化

リンゴ輸入自由化

生鮮オレンジ輸入自由化 リンゴ台風

オレンジ果汁輸入自由化

1963年 リンゴ115万トン 統計開始以降最高

1975年 ミカン367万トン 統計開始以降最高

1979年 国内生産量685万トン 統計開始以降最高

2001年 総供給量928万トン 統計開始以降最高

2005年 輸入量544万トン 統計開始以降最高

生産量は1979年にピークに達した後は、現在に至るまで緩やかな減少が続いています。輸入に関しては、自由化に伴って段階的に増加していましたが、近年は少々減っています。

グラフ中にあるリンゴ台風とは、1991年9月に発生し、日本に甚大な被害をもたらした台風のこと。東北地方では、最大瞬間風速53.9m/sの猛烈な風を受けて収穫前のリンゴがダメになってしまったり、倒木や枝折れといった被害を受けたりしたため、リンゴ台風と呼ばれるようになりました。

出典）「果樹農業に関する現状と課題について」（農林水産省／令和元年10月）を参考に編集部にて作成

農業は危険と隣り合わせの職業

細かな事故から
死亡事故まで

　死亡事故が年間300件以上——。驚くなかれ、これはほかならぬ農業の話です。就業人口10万人当たりの死亡事故の発生数（2017年）の場合、農業は16.7人。一方、全産業を合わせても1.5人にすぎません。危険と隣り合わせとされる建設業ですら6.5人なので、農業の死亡事故発生率が、いかに高いかがわかります。

　と言っても、死亡事故は氷山の一角にすぎません。死亡事故にまで至らずとも細かな事故は相当発生しているはずです。JA共済連が2016年の死亡事故312件から農作業事故の件数を推計したところ、年間7万件に及ぶといいます。

　日本の耕地の6割が傾斜地にあります。そんななか、多くは機械を使っての作業です。雨が降るなか、乗用型トラクターを運転中に、転落して運転席からはじき出され、車体の下敷きになった事故は後を絶ちません。しかも農家は高齢化し、その平均年齢は70歳に達しようとしています。死亡事故件数のうち65歳以上の割合は84％。高齢者は農作業の熟練者とはいえ、身体機能は低下しています。危険を認知して、どのようにそれを回避するかを判断しても、その判断通りに行動することができなくなっています。にもかかわらず、農業をする環境や施設、農機具は、高齢者が作業をすることを前提にして改善されているわけでもありません。むしろ多くの農家は経営面積が広がり、作業時間は増え、労働環境は悪化しているといえます。

　他産業であれば、労働安全衛生法や労働安全衛生規則などで法的な規制が決まっていて、労災に関しては事業主責任が問われます。対して農業は98％が個人経営や家族経営で、こうした規制の対象にはなりません。だから他産業で効果を発揮している予防策が農業にまで及ばないのです。

　事故を防ぐためには、まずは実態を知ることから始めましょう。日本農村医学会は全国的に農作業事故を調査し、原因の究明と対策をまとめています。農林水産省がホームページで公開していますので、ぜひ参考にしてください。事故を起こしてからでは遅いのです。

第 3 章

主要作物の生産・消費・流通の最新動向

2018年に発効したTPP11をはじめ、EPA（経済連携協定）締結が進みます。海外産との競争が強まるなか、主要な作物の生産状況や消費のあり方、流通のしくみはどうなっていて、どう変化し得るのでしょうか。現場の課題や国の政策の方向性、消費の変化を解説します。

Chapter3
01

コメの生産状況と消費動向

コメの需要量が減り続けているなかにあって、中食・外食向けは、「希望の光」ともいうべき伸びている分野です。とくに中食は時代背景や生活スタイルの移り変わりに伴って生まれ、市場そのものも成長を続けています。

コメの需要と供給のアンバランス

　主食用米の需要は、年々減り続けています。1996年産は944万トンでしたが、2020年産は717万トンである、というのが農林水産省の見積りです。ともに減り続ける国内のコメの生産量と供給量は、一見、バランスがとれているように見えます。しかし、足りない分野がある一方で、供給過剰気味の分野があるなど、実際には問題だらけです。

　コメの需要と供給のバランスを巡って、ここ数年で最も注目されたのは生産調整の廃止、いわゆる「減反政策の廃止」です。2018年からは、政府が主食用米の**生産数量目標**を決め、都道府県に配分することをやめました。そのため、増産する農家が増え、需要を供給が上回り、米価が下がるのではないかとの予測もありました。

　しかし今のところ生産量が需要量を大幅に上回ることはなく、米価は高止まりを続けています。その要因は、政府が2018年以降も主食用米の価格を維持するために、転作する産地や農家を対象に補助金や交付金を支払い続けていることでしょう。

　一方で、コメの消費に目を向けると、長期的に見て家庭での炊飯の割合は下がり続け、**中食・外食**での消費量が増えています。そのこともあいまって、中食・外食で使われるいわゆる**業務用米**のなかでも値ごろなコメは、供給不足が続いています。

　その主因は、家畜のエサにする飼料用米の作付けを奨励しているため。販売価格は主食用の10分の1程度ですが、多額の補助金が支払われるのです。主食用米に比べて手間がかからず、補助金がつけば一定の収入になるとあって、業務用米を作るよりも割がいいと判断する農家が多いのです。

生産数量目標
農水省が年間需要の予測をもとに設定する生産量の目標。

中食
調理済みの食品を購入して、自宅で食べる食事スタイル。外食と家庭内食の中間。

業務用米
中食や外食で使われるコメ。

▶ 相対取引価格の推移（税込／全銘柄平均価格）

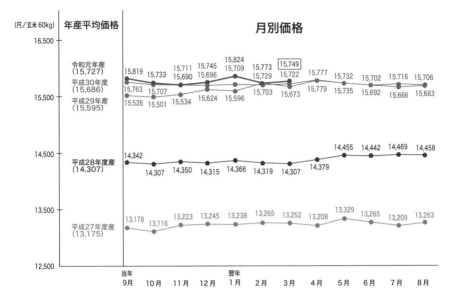

▶ 主食用米の需要量の推移

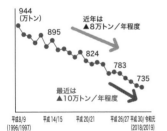

▶ 米消費における家庭内及び中・外食の占める割合（全国）

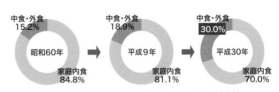

資料：「米の1人1ヶ月当たり消費量」及び米穀機構「米の消費動向調査」（農林水産省）
出典）上、下左「米に関するマンスリーレポート」（農林水産省／令和2年5月号）を参考に編集部にて作成
　　　下右　「米をめぐる関係資料」（農林水産省／令和元年11月）

👍 ONE POINT

生活スタイルの変化と
軽減税率の導入

スーパーマーケットの惣菜コーナーやコンビニ弁当の充実、Uber Eatsや宅配ピザなどの宅配システムの浸透に伴い、中食の需要は右肩上がりを続けています。背景には、一人暮らしや女性の正規雇用の増加などがあります。ただし、新型コロナウイルスの影響で、業務用米の需要は一気に冷え込み、先が見通せなくなっています。

Chapter3 02

商品としてのコメに求められる "付加価値"

コメと一口に言っても、品種や炊き方によって向く料理はさまざまです。冷めてもおいしくおにぎりに適したものもあれば、粘りが少なくカレーに向くものもあります。食べ方に合わせ、付加価値を作ることが求められています。

求められる付加価値は消費傾向によって変わる

消費される場面ごとに適するコメは違います。例えば、握り寿司なら、酢の入りがよく、粘りが強すぎず弱すぎず、握っても崩れないことが求められます。同じ寿司でもパック寿司なら、炊飯から長時間が経っても、硬くぼそぼそした食感にならないことが求められるのです。寿司に限らず、例えば丼ものの飲食チェーンがいくつもありますが、それぞれ追求する味や食感が違うため、コメに求める特性も自ずと異なります。

炊飯事業者は、弁当、おにぎり、寿司などの用途に合わせて品種を選び、炊き分けます。もちろん、水量や加熱の仕方で、炊き上がりの状態を調整することはできます。とはいっても、炊き上がりを決定する最大の要素はやはり、そのコメの特性なのです。

そのため、用途に応じた品種の開発と生産が進んでいます。国産米のほとんどを占めるのは**短粒種**であるのに対して、カレー用の**長粒種**や、長粒種と短粒種を掛け合わせたものも出てきています。短粒種よりも大きく、パエリアやリゾットに向く中粒種もあります。一方で、長粒種や中粒種はそもそも国産の供給量が少なく、それ自体が付加価値です。

近年、中食・外食業者の間では「炊いた後に時間が経ってもおいしい」**低アミロース米**が注目されています。業務用に適する「冷めてもおいしい」「炊飯から時間が経ってもおいしい」という特性は、まさに低アミロース米がもつものだからです。また、食品ロスの削減目的で、今後**チルド食品**や冷凍食品の割合が一層高まる可能性があります。時間が経ってもおいしいだけでなく、さらに冷凍したりチルドにしたりしてもおいしい品種という付加価値も求められることが予想されます。

短粒種
円形に近く、長さが短いコメ。

長粒種
粒が長くてパサパサした食感のコメ。

低アミロース米
通常のうるち米よりアミロースの含有量が少ないコメ。粘りが強く、冷めても食味が落ちにくい。

チルド食品
0度程度の低温で輸送・販売される食品。

▶ さまざまな料理に適する品種

さまざまな料理に適する品種の
なかから、代表的なものを紹介
します。

華麗舞(かれいまい)

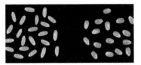

華麗舞　　　　コシヒカリ

表面の粘りは少ないが、内
部は柔らかくカレー用調理
米飯として適している。
千粒重※は「コシヒカリ」よ
り2gほど軽く、収量は「コ
シヒカリ」「キヌヒカリ」に
やや劣る。
「コシヒカリ」より早い熟期
で、倒れにくいが耐冷性が
弱いのが欠点。

※不完全米を除いた、玄米千粒
　の重量を表したもの。コメの品
　質を判断する指標の1つ。

華麗舞の炊飯特性
（コシヒカリとの比較）

	表層の硬さ	表層の粘り	粒全体の硬さ	粒全体の粘り
華麗舞	84.32	19.28	2.24	0.51
コシヒカリ	80.78	21.20	2.24	0.53

和みリゾット(なごみリゾット)

ひとめぼれ　和みリゾット　CARNAROLI

リゾットに最適といわれて
いるイタリア米「CARN-
AROLI」よりも栽培しやす
い品種。
「ひとめぼれ」と出穂期はほ
ぼ同じで、「CARNAROLI」
よりも多収。極大粒で見た
目も歯ごたえもよく、粘り
にくく煮崩れしにくい。

和みリゾットの
リゾット食味試験結果

品種名	和み リゾット	CARNA ROLI	（比較） コシヒカリ
総合	0.75	0.95	0.15
外観	0.60	0.85	-0.15
歯ごたえ	1.00	1.25	-0.10
粘りがない	0.65	0.75	0.00
べたつか ない	0.75	0.80	0.10
煮崩れ しにくい	1.35	1.20	-0.10

笑みの絆(えみのきずな)

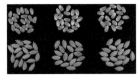

笑みの絆　コシヒカリ　いただき

やや硬く、ほぐれやすく、あ
っさりとした食感で、寿司米
に向く。
登熟期※の高温耐性が強い。
熟期は「コシヒカリ」よりや
や晩く、「コシヒカリ」より倒
伏(稲が倒れること)に強い
品種。多肥栽培で「コシヒカ
リ」より多収になる。

※開花から約40〜50日間の稲
　の状態を指す。光合成によりで
　んぷんをつくって胚乳に溜め、
　コメを太らせていく時期。

「笑みの絆」の系譜

■系譜の見かた…掛け合わせ。ハツシモと
朝の光の掛け合わせである岐系120号と、
収5820と収5734の掛け合わせである収
6602の掛け合わせが笑みの絆。

出典）「業務用・加工用に向くお米の品種 2018」(農研機構)を参考に編集部にて作成

Chapter3 03

相次ぐ新品種のデビューと収量の改善

近年、「ブランド米」と呼ばれる品種のデビューが相次いでいます。一方、民間で行われる育種も盛んで、一般の稲よりも収穫量が多い多収品種が次々と世に送り出されています。

ブランド米と多収品種

ここ数年、「ブランド米」が多数デビューしています。家庭炊飯向けの良食味のコメを一般的にブランド米と呼びます。育種の現場においても、ブランド米の開発は大きな比重を占めているのです。

コメの育種は、かつては公的機関が独占していましたが、最近では民間も参入しています。代表的なのは三井化学アグロ。ここで開発されたハイブリッドライス「みつひかり」は、炊飯したコメにたれがしみこみやすく、粘り気が少ないという特長があり、牛丼チェーンに人気があります。種子の価格は通常の7～8倍と高価ですが、反収は地域の一般的な品種の3～5割増しという多収品種。コスト増を増収分で補うことができます。

多収品種とは、一般の稲よりも収穫量が多い品種のこと。コメの収量を上げる研究は、減反政策がとられてきた日本にあって、長年放置されていました。そのため、F1の栽培が普及している隣国・中国に大きく水をあけられている状況です。しかし、業務用米の需要拡大を受け、今後一層多収の品種が増えることが予想されます。

「熟期」という新たな着眼点

一方、2015年に本格デビューした「しきゆたか」は、総合商社である豊田通商が農家に種子を販売し、収穫物の販売を代行しています。実はこの「しきゆたか」、早生と晩生という異なる熟期の4品種からなるユニークなブランドです。

熟期が2つあるということは、一戸の農家で、作付け期間を長く取れるということです。全国的に見ても、気候の違いを生かし

育種
改良品種を開発すること。育種学という分野もあり、生物を遺伝的に改良する理論や技術に関する研究を行う。

F1
雑種第一代。一代交配種。親となる品種よりも病気や環境への抵抗性、収量などの面で優れた形質、つまり雑種強勢を示す場合が多い。

早生
わせ。実りが通常の品種よりも早いものを指す。

晩生
ばんせい、あるいはおくて。実りが通常の品種よりも遅いものを指す。

苗立ち
田で出芽して、苗が健全に育ち始めた状態のこと。

▶ 多収で良食味の業務用品種の栽培適地

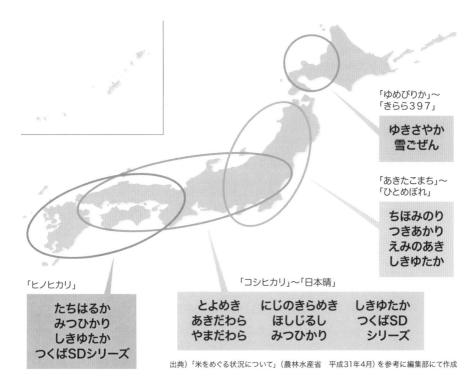

「ゆめぴりか」～
「きらら397」

**ゆきさやか
雪ごぜん**

「あきたこまち」～
「ひとめぼれ」

**ちほみのり
つきあかり
えみのあき
しきゆたか**

「ヒノヒカリ」

**たちはるか
みつひかり
しきゆたか
つくばSDシリーズ**

「コシヒカリ」～「日本晴」

**とよめき　　にじのきらめき　　しきゆたか
あきだわら　　ほしじるし　　　つくばSD
やまだわら　　みつひかり　　　シリーズ**

出典）「米をめぐる状況について」（農林水産省　平成31年4月）を参考に編集部にて作成

早生で多収の良食味品種「つきあかり」。一定時間保温しても食味が保たれ、中食・外食向けに引き合いが強く、全国で栽培面積を増やしています。『コシヒカリ』より早く収穫でき、作期の分散にも適しています。

資料提供：農研機構

て、広い範囲で栽培することができます。しかも苗立ちはほかの品種よりもすぐれており、直播にも適しています。良食味で、冷めてもおいしい点も売りです。

直播
育苗と移植が通常の田植えであるのに対し、種もみを田に直接まく方法のこと。

Chapter3 04

減反政策は廃止されたのか

「減反政策は2017年をもって廃止された」という話が、いまだにわいてきますが、減反政策は今も続いていますし、日本農業の構造調整を進めるうえで大きな弊害になっています。「廃止された」という主張を看過できません。

米価維持のため変化した目的と手段

　政府は毎年、主食用米の生産数量目標を決め、都道府県に配分して、さまざまな補助金や助成金をつけてきましたが、2017年をもってその配分を終了しています。18年以降からは、都道府県が独自に生産数量目標を設け、市町村に配分しているのです。もちろん、あくまでも目標なので、産地や農家がその生産数量を守らなければならない義務は一切ありません。このことが「減反廃止」として報道されました。世間に広がっている間違った認識も、ここに基づいていますが、減反政策の本質的な目的と手段を歴史とともに振り返れば「減反廃止」という解釈は間違っていることがわかります。

　戦後、国は生産者から高値でコメを買い、消費者に安値で売ってきました。それが1960年代に入ると、コメ余りで逆ザヤが増大してしまいます。その赤字を防ぐために1970年、減反政策が始まったのです。しかし、しばらくするとその目的は、政治家が農村における票田を獲得するため、米価を維持することに変わってしまったのです。

逆ザヤ
価格変動によって、購入価格より現在の価格が安くなっている状態を指す。

　米価を維持するには、需要と供給を引き締めなければいけません。そこで政府は、主食用米に代わって別の作物を生産する産地や農家に対し、補助金や交付金を支払ってきました。これは、政府が市場に介入することにほかなりません。減反政策に費やした総額は、8兆円以上にもなります。

今も消えない減反協力への補助金や交付金

主食用米
家庭で炊飯して消費するコメ。

　政府は現在でも、主食用米の価格を維持するために、転作する産地や農家を対象に補助金や交付金を支払い続けています。特

▶ いわゆる「減反」の廃止

コメの生産調整は、需要の減少に応じて生産量を抑制してきたことを指します。2018年度産を目処に見直し、いわゆる「減反」の廃止が行われますが、転作への助成などについても、強い農業を創るという観点から、あり方の見直しが必要だと考えられます。

コメの生産調整（＝減反）	いわゆる「減反」の廃止
行政による生産数量目標の配分	**平成30年度産を目処に廃止**
主食用米の需要減少に応じて、国が都道府県別に生産数量目標を配分し、行政が個々の農業者に主食用米の生産数量目標を分配。	定着状況を見ながら、5年後を目処に、行政による生産数量目標の配分に頼らずとも、国が策定する需給見通し等を踏まえつつ生産者や集荷業者・団体が中心となって円滑に需要に応じた生産が行える状況になるよう、取り組む。
生産数量目標に従った主食用米の作付けへの助成 コメの直接支払い交付金(7,500円／10a)	**平成30年度産から廃止**
転作作物の作付けへの助成 水田活用の直接支払い交付金 低収益の作物であっても、主食用米並の所得が得られるよう品目ごとに単価を設定。	補助金により所得を補償して飼料用米等を作付け拡大する方向。 売れるものを作るという経営マインドの発揮を阻害。

需要に応じた生産や農家の収入拡大・コスト削減の取組みを結果として阻害してきた政策の見直し

あり方の見直しが必要

に、転作作物として奨励する飼料用米には、高額の交付金がいまだにつけられているのです。そのため、主食用米の作付けを減らすために、飼料用米の作付けを増やすというおかしな事態になっています。例えば、農林水産省は2019年度産について、主食用米から飼料用米などに転換して水田活用の直接支払交付金を受け取るための申請期限を既定より一ヶ月延長しています。当初の期限に集まった生産数量では米価を維持するのには不十分だと判断したからです。

　減反政策が始まって間もなく半世紀が経ちます。この間、水田農業はどういう状況にあったのでしょうか。米価が維持されたことで、大多数の農家は零細であっても稲作を続けることができました。一方、米価が維持されなければとうに稲作をやめていたはずの人たちから農地を集めることができなくなったため、農家は集積や拡大を満足に進められなかったのです。

　こうした状況は今も変わりありません。減反政策は廃止されていないし、その弊害はいまだに根深く残っているといえます。

飼料用米
家畜に与えるために作る餌用のコメ。

第3章　主要作物の生産・消費・流通の最新動向

Chapter3
05

麦の生産・流通・消費

「国産小麦使用」を謳ったパンや小麦粉などが増えていますが、国内で流通する小麦の9割以上は輸入品だという現実もあります。麦は国内外の価格差が大きく、国が独占的に行う国家貿易で国内の農家が保護されています。

大幅に輸入に頼る現状

麦は、国内外の価格差が大きい品目で、日本国内で麦を作った場合、外国産の値段を大幅に上回ってしまいます。そのため、国は需要量を計算して輸入量を決め、**実需者**には**マークアップ**と呼ばれる手数料を上乗せして販売しています。このマークアップは、国産麦の生産振興などに使われるのです。価格は半年に一度改定されます。

とくに1961年の農業基本法により、穀物よりも収益性の高い果樹や畜産を奨励したこともあって、麦の国内生産量は減少していきました。**小麦の自給率は12%**、**大麦は9%**しかありません（2016年度）。

国産小麦の作付面積は横ばい

麦の栽培は、作業が機械化されていて、ほかの作物に比べ、あまり手がかからないというメリットがあります。その一方、湿害に弱く、収穫期に雨が降った場合など天候の影響を受けやすいため、反収の増減が激しいというデメリットもあります。

そのため、日本の気候に合った品種開発が進んできましたが、作付面積は横ばいが続いています。

産地は圧倒的に北海道で、国産のうち約7割を占めています。畑作4品と呼ばれる小麦、豆類、てん菜、バレイショで輪作するスタイルが主流です。国産の麦は、すべて播種前契約で、製粉会社や精麦会社が収穫の約1年前に産地と話し合って価格と数量を決め、契約を結びます。3割は入札、7割は入札価格に基づいた相対取引です。

実需者
実際に消費する人。消費者とは違う。例えば、コメでいえば、農家は生産者、コメを仕入れて商品に加工するメーカーや飲食店が実需者、食べるのが消費者。

小麦
特に国産小麦はたんぱく質の含有量がうどん麺などに適した品種が多い。15%ほどが皮と胚芽で、残りの85%を占める胚乳が食用となる。

大麦
実と皮の間に粘性の物質があり、皮がはがれにくい。食物繊維の含有量が高い。ビールや焼酎の原料となる二条大麦や、穀物として食用とされる六条大麦、はだか麦などがある。

精麦
大麦の外皮をむいて加工する工程、あるいは加工した製品のこと。

▶ 麦の流通

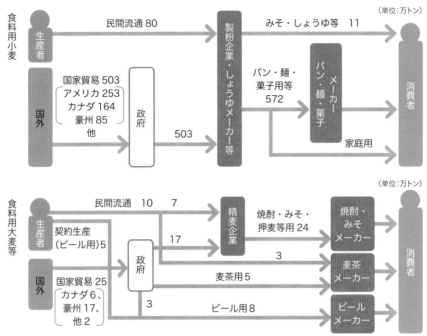

注）流通量は、過去5年（平成25〜29年度）の平均数量である
出典）「麦をめぐる最近の動向について」（農林水産省政策統括官付穀物課／令和2年4月）を参考に編集部にて作成

▶ 麦の種類・用途

麦の種類		主な用途	国内生産量 （平成30年産）	輸入量 （平成30年度）
小麦	小麦のたんぱく質はグルテンと呼ばれ、粘り・弾力があるため、パンや麺に適している。うどんやパン、菓子などの用途により求められるたんぱく含有量が異なる。	うどん、パン、中華麺、菓子	76.5万トン （北海道62%、福岡県7%、佐賀県5%）	489.0万トン
大麦	二条大麦、六条大麦、はだか麦がある。小花が6列に並ぶうちの2列に実がなるのが二条大麦、6列すべてになるのが小粒大麦。さらに、穀粒を包んでいる皮がはがれやすいものを「はだか麦」と呼ぶ。精麦して押麦にするほか、ビールの原料などに用いられる。	二条大麦／ビール、焼酎	12.2万トン （栃木県28%、佐賀県25%）	18.9万トン （ビール用途は含まれていない）
		六条大麦／押麦（麦飯）、麦茶	3.9万トン （福井県18%、富山県18%）	5.5万トン
		はだか麦／麦みそ	1.4万トン （愛媛県35%、香川県16%）	3.2万トン

出典）「麦をめぐる最近の動向について」（農林水産省政策統括官付穀物課／令和2年4月）を参考に編集部にて作成

北海道の小麦農家が期待する「みのりのちから」

北海道十勝地方を拠点とするチホク会は、同一作物を生産・集荷する事業協同組合としては国内最大の農家の集まりです。2019年、このチホク会が超強力品種「みのりのちから」を産地品種銘柄にと、農林水産省に申請しました。

パン生地になる超強力品種

農研機構
農林水産省所管の国立研究開発法人。正職員は3,300人、年間予算は640億円（2018年度当初予算）。農業と食品産業の発展のための研究所としては国内最大。

小麦粉の種類
小麦粉は弾力を引き出すグルテン（たんぱく質の一種）の含有量の違いによって分けられる。多い順に強力粉、中力粉、薄力粉と呼ぶ。「ゆめちから」「みのりのちから」は強力粉よりもさらにグルテンを多く含む超強力粉。秋まき品種に多い中力粉とブレンドすることで、強力粉となるのが売り。

チホク会
山本忠信商店（北海道音更町）が小麦を作る15人の農家と1990年に結成した。現在では道内の300戸を超える農家が計4,000ha以上で小麦を作る。

超強力品種としてすぐ思い浮かぶのは、同じく農研機構が開発し、すでに産地品種銘柄となっている「ゆめちから」です。いまや一世帯当たりの支出額が主食のなかでコメを抜いて最も多くなったパンの生地に、主に使われています。

そもそもパンに適しているのはグルテンが多くて粘性が高い強力粉です。ただし、強力粉になるのは春に種をまき、盆に刈り取る品種ばかりでした。春まきの品種は、秋まきの品種と比べて栽培期間が短く、収穫期に雨が多いため、作柄と品質が安定せず、結果的に普及しませんでした。このため、国内で作付けされる9割以上が、中力粉に向く秋まき品種だったのです。

そこに登場したのが、秋まきでありながら超強力粉になる「ゆめちから」。中力粉と混ぜればパンに向く強力粉として使えるのではないか。そんな発想が現実となり、国産志向が強い製パン業者に受け入れられ、道内で栽培面積が拡大していきました。

ただ、「ゆめちから」も完璧ではありません。収量がさほど取れないのです。収入を増やしたい農家にとっても、国産小麦をよりほしい製パン業者にとっても、収量が多い品種の誕生は待ち遠しいものです。とはいえ品種改良には長い年月がかかります。そこでチホク会が目を向けたのが、「みのりのちから」。なんといっても、すでに品種登録済みで、「ゆめちから」と同じく秋まき品種で、収量の10〜15％増が期待できるのです。

小麦の自給率を上げる救世主

農家への普及にあたって問題なのは「みのりのちから」は現時点で産地品種銘柄ではないということ。つまり、作付けしても国

▶ 北海道における小麦の品種別でみた作付面積の推移

写真は「ゆめちから」が使われたパンの例です。「ゆめちから」は「きたほなみ」などの中力粉とブレンドすることにより、パン・中華麺の材料に適したグルテン量に調整しています。

（単位：ha）

区分		平成7(1995年)	12	17	22	26	27	28	29(2017年)
	ホロシリコムギ	7,320	2,523	1,255	715				
	タクネコムギ	2,320	661	1,200	725				
	チホクコムギ	65,800	4,101						
	タイセツコムギ	2,860	1,416	497					
	ホクシン		88,465	103,400	71,712		139	105	84
	きたほなみ				31,456	92,529	91,952	92,185	87,837
	きたもえ			1,020	748	394	10	10	
	きたさちほ					21	296		
	キタノカオリ			1,160	1,400	2,000	2,223	2,450	2,076
	ゆめちから				32	12,543	11,953	11,787	13,444
	つるきち					10	57	378	358
	その他	62	34	2	11	3	144	181	390
春まき小麦	農林61号								
	ハルユタカ	9,320	6,003	771	953	1,036	740	897	928
	春のあけぼの			30					
	春よ恋			6,430	8,032	12,700	12,888	13,328	14,294
	はるきらり				516	2,164	1,672	1,582	2,147
	はるひので								
	その他	28	17						
計		87,700	103,200	115,500	116,300	123,400	122,600	122,900	121,600

出典）「北海道の畑作をめぐる情勢」（北海道農政部生産振興局農産振興課／令和元年7月）を参考に編集部にて作成

からの交付金を受けられない――これでは増産につながりません。そこでチホク会は今回の提言に至ったのです。

　小麦の自給率は毎年10％ほどとさみしい状況です。超強力品種の増産がこの数字を押し上げることにつながる以上、「みのりのちから」を産地品種銘柄にすることには、国策としての大義があります。しかも、チホク会は農協を経由せずに小麦を出荷する商系としては取扱量で国内最大級です。それだけに小麦の自給率の向上に資する力は決して小さくはありません。

小麦粉のたんぱく質許容値

小麦粉のたんぱく質許容値は10.0〜15.5％。ただし、この値は超強力品種の誕生を想定する前に定められたものです。2020年度産からは超強力品種に限って、許容値の上限が18％まで引き上げられます。

Chapter3 07

園芸の振興はコメの減少分を補えるのか

コメ依存から脱却するにあたり園芸の振興に走る自治体が増えています。産出額でコメの減少分を園芸で回復するというが、現実的な話なのでしょうか。さらに産地を形成するにあたり成否の分かれ道はどこなのでしょうか。

園芸
野菜と果実、花きなどを栽培すること。

コメの産出額の減少分は？

コメの産出額の減少分を園芸で取り戻そうとしている自治体がありますが、かなり困難な状況です。というのも全国で見た場合、1984年のコメの産出額は3.9兆円。これが2018年には1.7兆円になっています。この減少額は、品目別の産出額で2番目に多い野菜の2.3兆円に、ほぼ相当します。

計画甘く赤字続き

秋田県では、園芸メガ団地構想を掲げ、園芸団地をつくる産地に補助金を出しています。そのうちの1つがJA秋田おばこです。

JA秋田おばこはコメの直接販売での不適切な会計処理をめぐって56億円の累積赤字が発覚しましたが、トマトでも赤字の垂れ流しで問題が起きています。

トマトという品目
数ある園芸品目のなかでなぜトマトを選んだのかといえば、地元の篤農家の鶴の一声。加えて、全国的には夏場は高温でトマトは端境期になるが、大仙市の周辺では問題なく採れるという地の利。ただし、県内でも有数の豪雪地帯で11月からは雪が降り始めるため、収穫期間は8〜10月。短期集中で稼ぐ意図だった。

事業主体はJA秋田おばこで、園芸メガ団地事業で県から5割、市から4割の補助を受けて、施設や機械を整備しました。大仙市黒土地区の基盤整備を終えた一角の6haの土地に104棟、3.4ha分のハウスを建てたのです。そして、それらを2つの営農組合にリースしました。各営農組合はそのリース料に加えて、地権者に地代を支払います。

ところが、創業から毎年赤字続きでした。販売額は目標としていた1億円に及ばない6,000万円、収支をみれば、1,500〜1,000万円の赤字でした。他県でもそうですが、園芸産地づくりにあたっては県から経営モデルを提示されます。ただ、経営モデルはあくまでもモデルにすぎません。大事なのは誰と組み、どんな計画のもとにどう実行していくかです。補助金があるという誘惑だけで実行に移しては痛い目にあいます。

秋田県の園芸メガ団地事業の概容

秋田県の「園芸メガ団地」の取り組み。「1団地当たり販売額1億円以上を目指す」「大規模な園芸経営に取り組む担い手を育成する」「省力化・低コスト化の推進による生産性の飛躍的向上と大規模な雇用を創出する」の3つを掲げ、これまでに9地域が完了しています。下の表は、代表的なものを挙げました。

地区	着手時期	取組品目	整備内容	整備期間	成果
能代市轟団地	平成26年度	ネギ（施設12棟、露地13ha）	パイプハウス、作業舎、収穫機	平成26〜28年度	平成27〜30年度販売額1億円達成
横手市十文字団地	平成27年度	ホウレンソウ（施設50棟）、キュウリ（施設20棟、露地2ha）、輪ギク、小ギク（施設7棟、露1.7ha）、スイカ（露地1ha）	パイプハウス、作業舎、播種機、防除機、包装機、予冷庫等	平成27年度	平成29〜30年度販売額1億円達成
大館市長木団地	平成28年度	枝マメ（露地50ha）	集出荷施設、予冷庫、自動計量包装設備、収穫機等	平成28〜29年度	完了
北秋田市下杉団地	平成29年度	キュウリ（施設25棟・露地2ha）、ホウレンソウ（施設25棟）、キャベツ（露地12ha）	パイプハウス、移植機、防除機等	平成29年度	完了
北秋田市米内沢団地	平成30年度	ニンニク（露地6ha）、ダイコン（露地1.5ha）	乗用管理機、ハーベスター、堀取機等	平成30〜令和元年度	メガ団地に位置づけ
鹿角市末広団地	令和元年	ネギ（露地13ha）、キャベツ（3ha）	集出荷所、パイプハウス、収穫機等	令和元〜2年度	新規

出典）「園芸メガ団地の概要」（秋田県公式サイト）を参考に編集部にて作成

畜産業は規模拡大の流れ

畜産業は規模拡大の勢いが目覚ましく、酪農では「ギガファーム」まで出現しています。消費に目を向けると、輸入の比率が高い牛肉、豚肉について中国に買い負ける日が来るのではないかと懸念されます。

北海道の酪農は規模拡大が目覚ましい

畜産
非常に幅広い。肉牛、酪農、ブタ、ニワトリ（肉鶏、採卵鶏）、ウマやヤギ、果ては養蜂まで含まれる。

生乳
食品衛生法の規定では、そのまま販売することはできない。殺菌し、抗生物質の検査を受けた生乳を、加熱殺菌して詰めたものが「牛乳」。

チーズ
ナチュラルチーズ、プロセスチーズなど、製法によって違いがある。ナチュラルチーズは牛や山羊などの乳に乳酸菌や酵素を加えて凝固させたもの。その後、水分を抜き、加圧してから菌やカビなどを加えて熟成させる。

給食の牛乳需要
給食の牛乳需要は高く、乳価は一般的に春休み、夏休み、冬休みの期間に下落する。学校給食向け牛乳は「学乳」とも呼ばれます。

　畜産業は現在、家族経営が減り、大規模な経営に集約される傾向にあります。そのため、肉牛や乳牛、豚、採卵鶏、ブロイラー（肉鶏）のいずれも、一戸当たりの飼養頭数・羽数が着実に増えています。なかでも北海道の酪農の規模拡大には、目を見張るものがあります。

　近年の生乳生産量をみても、都府県では右肩下がりですが、北海道では増加傾向にあります。道内は年間出荷乳量が1,000トンを超えるメガファームはもはや珍しくなく、1万トンを超える「ギガファーム」すら出現しています。

　牛乳は、日持ちしないため、国産で需要がまかなわれています。一方、生クリームやチーズ、バターといった乳製品は、輸入品と競合することになります。そのため、飲用のほうが乳製品用より乳価を高く設定できます。新型コロナウイルス感染拡大防止のための休校により、給食の牛乳需要がなくなりました。乳価の下落は必至で、酪農家にとっては厳しい情勢です。

牛肉・豚肉は中国に買い負けるか!?

　肉牛を見ると、肥育牛の頭数は減少傾向だったのが、近年は横ばいになっています。牛肉は、現在6割程度を輸入しています（重量ベース）。2017年時点の牛肉輸入量は、日本と中国で世界の3割を占めていました。ところが、2027年には中国の輸入量が2017年と比べて64％増の175万トンになり、対する日本は2017年と同じ57万トンとなるという予測があり、日本がいずれ中国に買い負けるのではとの懸念もあります。重量ベースで半分近くを輸入に頼る豚肉でも、同様の心配がなされています。

▶ 乳用牛の飼養戸数・頭数の推移

令和元年2月1日現在、全国の乳用牛の飼養戸数は1万5,000戸で、前年に比べて700戸減少しています。飼養頭数は133万2,000頭で、前年に比べて4,000頭増加しています。1戸の飼養頭数が増加していることが伺えます。

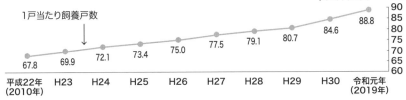

1戸当たり飼養戸数

	平成22年 (2010年)	H23	H24	H25	H26	H27	H28	H29	H30	令和元年 (2019年)
(頭)	67.8	69.9	72.1	73.4	75.0	77.5	79.1	80.7	84.6	88.8

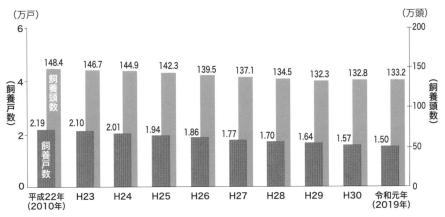

	平成22年 (2010年)	H23	H24	H25	H26	H27	H28	H29	H30	令和元年 (2019年)
飼養頭数（万頭）	148.4	146.7	144.9	142.3	139.5	137.1	134.5	132.3	132.8	133.2
飼養戸数（万戸）	2.19	2.10	2.01	1.94	1.86	1.77	1.70	1.64	1.57	1.50

出典）「畜産統計調査」（農林水産省／平成31年）を参考に編集部にて作成

 ONE POINT

畜産で進む
スマート化

畜産の生産現場は、動物相手であるために長時間労働になりがちで、休みを取りづらいという現状があります。3K（汚い、くさい、きつい）のイメージももたれやすく、労働力の確保に苦労する経営者も少なくありません。作業の効率を上げ、労働時間を減らすための工夫が、ロボットやICTの導入も含めて進められています。196ページで紹介する搾乳ロボットや、ルンバのように畜舎を自動で掃除するロボットを導入する農家もいます。酪農の現場ではヨーロッパからの輸入品がよく使われます。養豚は畜舎の規模や構造がヨーロッパと異なるために、農研機構を中心に日本の飼育環境に合ったロボットを開発する動きがあります。

Chapter3 09

海外で評価が高まる和牛

和牛が海外で大人気です。といっても国産牛とは限らず、和牛の遺伝子をもつ海外で飼育された牛は「WAGYU」と呼ばれ、こちらも流通しています。農林水産省は遺伝資源の保護と輸出促進を進めています。

海外で存在感を増すWAGYU

現在、海外で流通しているのは、アメリカ産やオーストラリア産の「WAGYU」が少なくありません。過去に、生きた牛あるいは精液が米国に輸出され、米国での繁殖を経て、さらにオーストラリアに輸出されたためです。

アメリカ産のWAGYUは主に、国内での消費に充てられますが、オーストラリア産は、国内消費はわずかで海外輸出がメインです。豪州WAGYU協会が存在し、和牛遺伝子の交配の割合によってWAGYUを定義し、コストを抑えた生産で、価格競争力の高いWAGYUを世界に輸出しています。折悪しく、日本では2010年に口蹄疫が発生し、翌11年に福島第一原発事故が起きました。これらのできごとから国産和牛の輸入を多くの国が停止したため、オーストラリア産がさらに存在感を高めたのです。

海外産との棲み分け必要

外国産WAGYUの品質は向上しているといわれます。和牛の精液と受精卵が、違法に中国に持ち出されたケースもあり、農林水産省では遺伝資源の保護と和牛の輸出促進に力を入れています。

トレーサビリティを導入し、海外でのプロモーションも積極的に行っています。とはいえ、海外で市場を築いたオーストラリア産WAGYUに国産の和牛が置き換わるのは容易なことではありません。国産和牛の強みを踏まえ、海外産と共存し、棲み分けする工夫が求められます。新型コロナウイルスの影響で、和牛の需要はかつてなく落ちています。東京食肉市場の和牛枝肉の卸売価格は2020年1月に2,300円ほどだったのが、同年3月に1,800円ほどと、前年比7割強まで下がりました。

和牛ブランド
肉質は柔らかく、赤身のなかに脂肪が入った「霜降り（サシ）」が人気。「松坂牛」「神戸牛」などのブランド牛が世界的にも有名だ。これらはブランド肉として赤身肉よりも脂肪が多く柔らかな食感で、海外の富裕層も好んで食べるようになった。

和牛
黒毛和種・褐毛和種・無角和種・日本短角種の4品種とそれらの交雑種。国内で肥育される和牛の9割は黒毛和種。

トレーサビリティ
流通経路すべてが追跡可能な状態を指す。生産者から卸、小売店を経て飲食店あるいは最終消費者、果ては廃棄の段階まで、詳細がわかっている状態。

▶ 和牛の種類

黒毛和種

- 在来牛にブラウンスイス種等を交配して改良が進められた品種。
- 1918～20年に各県で登録が開始される。1948年に全国和牛登録協会が発足し、登録を一元的に実施。
- 被毛色は黒褐単色。和牛全体の95%以上を占め、肉質は特に脂肪交雑の面で優れる。

	体高	体重	繁殖牛飼養戸数	飼養頭数	主産県
雄	143cm	684kg	42千戸	1,653千頭	全国(鹿児島・宮崎・北海道等)
雌	130cm	474kg			

褐毛和種

- 熊本県と高知県で飼われていた朝鮮牛を基礎とした在来牛にシンメンタール種等を交配して改良が進められた品種。
- 1948年から全国和牛登録協会で登録を実施。1952年に日本あか牛登録協会が発足し、熊本系褐毛和種の登録を実施。
- 被毛色は黄褐色から赤褐色。耐暑性に優れ、粗飼料利用性も高い。

	体高	体重	繁殖牛飼養戸数	飼養頭数	主産県
雄	141cm	822kg	1.8千戸	22千頭	熊本・北海道・高知
雌	131cm	500kg			

無角和種

- 在来牛にアバディーンアンガス種を交配して改良が進められた品種。
- 1948年から全国和牛登録協会で登録を実施。
- 被毛色は黒色で黒毛和種より黒味が強い。粗飼料利用性が高い。

	体高	体重	繁殖牛飼養戸数	飼養頭数	主産県
雄	145cm	750kg	6戸	179頭	山口
雌	126cm	500kg			

日本短角種

- 東北地方北部で飼われていた南部牛にショートホーン種を交配して改良が進められた品種。
- 1957年から日本短角種登録協会で登録を実施。
- 被毛色は濃褐色。耐寒性に優れ、粗飼料利用性も高い。夏期は親子で林地や牧野に放牧し、冬期は牛舎で飼養される「夏山冬里方式」で飼養されることがある。

	体高	体重	繁殖牛飼養戸数	飼養頭数	主産県
雄	140cm	822kg	500戸	8千頭	岩手・北海道・青森
雌	132cm	571kg			

出典）「和牛遺伝資源をめぐる状況」（農林水産省）を参考に編集部にて作成
資料提供：一般社団法人全国肉用牛振興基金協会

「物価の優等生」の卵の実際

小売価格の変動が少なく、「物価の優等生」と呼ばれる鶏卵。私たちが手に入れる価格が変わらない一方で、相場は激しく変動しています。価格変動は、さまざまな要因が複雑に絡み合って起こります。

さまざまな影響を受ける鶏卵価格

鶏卵は、日本の農産物としては珍しく国産が約95％と高い割合を占めます。小売価格はあまり変わらず、消費量も安定していますが、卸売価格は激しく変動しているという特徴があります。

鶏卵価格の変動にはさまざまな要因があって、1つは毎年の季節的な需給変動を受けた季節変動です。傷みやすい夏は消費量が減り、冬はおでんやすきやき、クリスマスケーキなど、季節商材に卵が使われるために消費量が増えるなど、消費動向が季節の影響を受けやすいのです。このほか、飼料の原料となるトウモロコシの豊凶や、為替レート、生産者による増羽や減羽、夏場の高温や冬の気温の低下に伴う生産量の低迷といったさまざまな要素が卵の価格に影響します。卸売価格が下がると、原価割れしてしまうこともあります。

農家の戸数は減少するも飼養羽数は増加

一方、採卵鶏にも生産調整の制度があります。鶏卵の価格が基準となる価格を下回った場合、基準価格との差額の9割を補填するしくみと、更新のために鶏舎を空ける期間を長くした場合に奨励金を払うしくみの2つです。

農家の戸数自体は減っており、大規模化の流れにあります。全体の17.1％である10万羽以上を飼う事業者が、76％の採卵鶏を飼育しています（2019年）。これは、生産費や流通費を削減する方向で激しい競争が行われた結果、大規模な企業的経営が主流になっているから。飼養羽数も減少傾向でしたが、2014年以降増加傾向に転じています。流通は、まず農家がGPセンターという卵の選別包装施設に出荷します。そこから全農あるいは民間の鶏卵問屋を介して、小売店や加工業者などに届けられます。

卵の消費動向
毎年秋になると特売される、某ハンバーガーチェーンの「月見バーガー」も、卵の消費動向に大きく影響する要因の1つ。

大規模化の流れ
採卵養鶏の規模拡大には、国の果たした役割も大きい。6章6節参照。

全農
JA全農。全国農業協同組合連合会。グループ内で、農畜産物の販売事業や資材供給などの経済活動を担っている。

エッグサイクルとは

卵の価格変動の特徴として、季節変動があることを紹介しました。加えて、数年周期の大きな変動が見られます。これを「エッグサイクル」といいます。

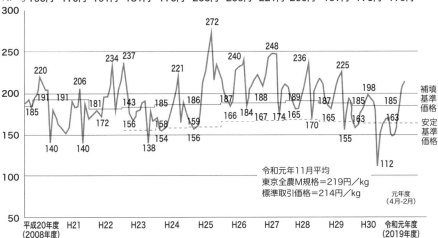

鶏卵卸売価格の推移

年度平均
円／kg　190円　170円　191円　181円　176円　205円　209円　221円　200円　197円　170円　179円

令和元年11月平均
東京全農M規格＝219円／kg
標準取引価格＝214円／kg

元年度
（4月-2月）

補填基準価格
安定基準価格

平成20年度（2008年度）　H21　H22　H23　H24　H25　H26　H27　H28　H29　H30　令和元年度（2019年度）

出典）「食肉鶏卵をめぐる情勢」（農林水産省／令和2年3月）を参考に編集部にて作成

更新のために鶏舎を空ける期間

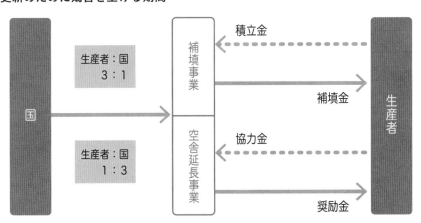

国 → 補填事業　生産者：国 3：1
積立金 ← 生産者
補填金 → 生産者

国 → 空舎延長事業　生産者：国 1：3
協力金 ← 生産者
奨励金 → 生産者

ニワトリは卵を産む適期を過ぎたと判断されると、更新されます。つまり、これまで採卵用に飼っていたニワトリを肉用として出荷し、一旦鶏舎を空け、そこに新たに飼うニワトリを入れるのです。この空舎期間を一定の条件下で60日以上取った場合に、奨励金が交付されます。

Chapter3 11

花きの生産と需要

花きとは、装飾用の植物全般を指し、冠婚葬祭や贈答、装飾など多くの用途があります。消費者によって嗜好が強く出ることから、流通と販売を意識した生産が求められています。

20年減少を続ける花き

花き
切り花や鉢物、花木、球根、苗もの、芝など観賞用の植物。

花きの産出額は3,687億円（2017年）。内訳をみると、菊が最も多くて625億円、続いて洋ラン（364億円）、ユリ（214億円）、バラ（178億円）、切り枝（169億円）となっています。切り花類の輸入増加に加え、農家の減少によって、作付面積は1995年を機に、産出額は1998年を機に、それぞれ減少しています。

国産を圧迫するのは、輸入の増加です。花き全体の輸入量のなかでは切り花が大半を占め、その量は1985年に1.2億本だったのが2017年には13.4億本となりました。現時点では国内出荷量の27％を占めるまでになっています。国産がシェアを取り戻すには、鮮度と日持ちのよさを活かすことが欠かせません。そのためには温度管理や衛生管理、鮮度保持剤の使用で**サプライ・チェーン**全体でのきめ細かな体制作りが求められます。

サプライ・チェーン
原料の段階から製品やサービスが消費者の手元に届くまでのすべてのプロセス。

新たな価値の創出を

一方で、需要の変化に応えるだけでなく、新たに価値創出もしなければなりません。例えば菊は1980年代、仏花としてのイメージを定着させました。これは産地と流通、販売が一体となって築いてきたものです。ただ、日本の人口が減り、葬儀も簡略化されるなか、このイメージだけでは尻すぼみになってしまうことは目に見えています。

そこで、菊の一大産地である愛知県では、農家が明るいイメージをもった菊を選抜し、晴れの場でも使える「マム」として売り出しています。花きが嗜好品であることを踏まえれば、それに応じた多様なサービスが考えられ、そこに商機は生まれてくるはずです。

▶ 花きの産出額の内訳

2017（平成29）年の産出額は3,687億円で、農業産出額の4％を占めています。

内訳は、切り花類が約60％を占め、鉢物約30％、苗などが10％ほどとなっています。

地被植物類 33億円（1%）

芝類 75億円（2%）　球根類 18億円（1%）

花き類 206億円（6%）

キク 625億円（17%）

花壇用苗もの類 306億円（8%）

その他鉢もの 253億円（7%）

ユリ 214億円（6%）

シクラメン 74億円（2%）

バラ 178億円（5%）

観葉植物（鉢）125億円（3%）

花き産出額 3,687億円

切り枝 169億円（5%）

トルコギキョウ 127億円（3%）

洋ラン 364億円（10%）

花木類（鉢）155億円（4%）

その他きり花 654億円（18%）

カーネーション 111億円（3%）

鉢もの類小計 971億円（26%）

切り花類小計 2,078億円（56%）

出典）「花きの現状について」（農林水産省／令和元年12月）を参考に編集部にて作成

▶ 晴れの場でも使える「マム」

資料提供：はなどんやアソシエ

菊が活躍するのは仏事だけではありません。洋菊のマムは豊富な色と咲き方に人気があり、抜群に花もちがいいことから、「末永く続く」願いを込めて、ウェディングでの需要も高まっています。

Chapter3
12

農産物検査の合理化

農産物検査法の見直しが進んでいます。農家と消費者双方にメリットのない厳しい基準があるのではないかと疑問が呈されているためです。また、物流の変化や技術の進歩を受け、流通関係でも規格の見直しが進んでいます。

農産物を大量かつ広域に流通させるしくみ

　農産物規格・検査は、統一的な規格に基づく等級の格付けによって、農産物を大量かつ広域に流通させるしくみです。1951年制定の農産物検査法に基づくもので、対象品目はコメ、麦、大豆、小豆、いんげんなどです。登録検査機関は約1,700、農産物検査員は約1万8,000人、検査場所は約1万4,000にも上ります。農林水産省は農産物検査規格検討会を設置し、物流の変化や技術の進歩を踏まえた合理化のために流通関連の規格の見直しを進めています。

コメの等級制度

　農家の関心が特に高いのは、コメの等級制度の見直しです。玄米は農産物検査によって1〜3等、あるいは規格外のいずれかに格付けされます。着色粒が含まれていると、その混入率によっては格付けが変わってしまいます。

　その実、着色粒は精米過程で色彩選別機を使えば取り除くことができ、小売店で消費者が購入するコメに混じっていることはほとんどありません。にもかかわらず、等級が下がると、60キログラム当たり数百円や1,000円にもなる価格差が生じるのです。

　つまり、着色粒の混入率で等級を変える意味はあまりないにもかかわらず、価格には響くということ。また、等級を下げないためにはカメムシ防除用の農薬を使うことになり、その分コストもかさみます。そのため、現行の規格は農家と消費者の双方にメリットがないと批判されるのです。

　一方、物流現場では30キログラムの紙袋よりも扱いが簡便な**フレコン**が普及していますが、形状や寸法、強度などはバラバラ

着色粒
カメムシといった害虫に食べられたり、細菌が付いたりしたせいで、黒や茶などに着色したコメ。

精米過程
脱穀して得た玄米をついてぬかを取り去ること。精白米。

フレコン
フレキシブルコンテナバッグ。およそ1トン入るものが多く、トンバッグともいう。農業現場で使われるフレコンは容積も強度もバラバラ。丸いものもあれば四角いものもある。

▶ 米穀検査の概要　コメの場合

法律に基づき、コメの登録検査機関が担っている品位および成分等の検査のことです。

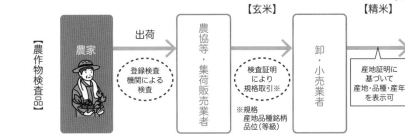

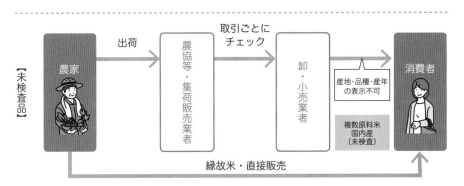

です。物流の現場をより合理化するため、国として推奨する形状や安全性などを定める方針です。

👍 ONE POINT

米穀検査に
穀粒判別機が登場

これまで検査官が目視で行っていた米穀検査において、2020年から新型穀粒判別機が使えるようになりました。穀粒判別機は、着色粒や胴割れ米などの混入割合を測定することが可能です。農林水産省の定める仕様に沿っていると確認された機械が米穀検査に使えます。大規模農家のなかには早速穀粒判別機を導入するところが出てきました。当面は検査官と機械による鑑定が並存することになります。穀粒判別機の精度の高さや、検査員による目視に比べた場合の合理性は、コメ業界で何年も語られてきたことです。そのため、採用にはやっとの感があります。

Chapter3
13

施設園芸で成功するヒント

コメの消費減が進むなか、全国で施設園芸を推奨する動きが盛んになっています。ただ、ハウスの運営を始めてからの失敗例は後を絶ちません。施設園芸成功のヒントはどこにあるのでしょうか。

ハウスの売上げ＝収量×単価

東馬場農園（神戸市）では、オランダ式のハウスで大玉トマトを作っています。栽培面積は50aで売上げは8,000万円に及びます。ハウスの売上げは「収量×単価」で決まります。これだけの数字をたたき出すには、両方で突出した成果を挙げる必要があります。

収量に最も影響するのは光合成です。その活性を左右する採光率や二酸化炭素の濃度を調整するため、コンピューターでハウス内の保温や遮光のカーテンの開閉のほか、二酸化炭素の発生装置や加温機の稼働を制御しています。ただし、それらの設定は自動化されていません。あくまで状況から判断して設定するのは人です。だから人の育成に時間をかけます。

人材育成に労を惜しまない

ハウスを管理するのは責任者２人と従業員２人。いずれも社歴は数カ月〜５年と若く、入社前に栽培の経験はありません。そこで、施設園芸の総合商社に長年勤めた東馬場さんは、彼らと毎週会議を開いています。毎回の議題は前の週の反省とそれを踏まえた次の週の計画の策定です。収量や品質が落ちた原因などをともに考え、改善法を教え込みます。国内を見渡しても、施設園芸の理論と実践を体得できる場は少ないだけに貴重な機会です。

中間流通を省いて利益率UP

一方で、単価を上げた要因の１つは、中間流通を省いたことにあります。スーパーマーケットに直接卸すことで、JAと市場を経由するとかかる手数料や運送費などを大幅に削ったから利益率も高くなったのです。

オランダ式のハウス
施設園芸大国のオランダで開発されたハウスは骨材が細いなど光が入りやすいほか、軒高が高くて換気効率に優れ、ハウス内の環境を均一にしやすい等の利点をもっている。

10aの売上げはならすと1,600万円
国内平均はビニールなどハウスの種類を問わなければ300万円であるのに対し、オランダ式のハウスで大玉トマトを作る東馬場農園（神戸市）の代表・東馬場怜司さんはこう話している。

▶ トマトの10a当たり収量の推移

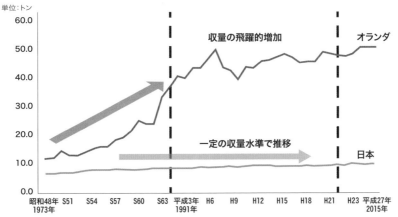

▶ 大玉トマト栽培における労働生産性

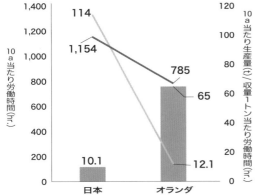

凡例:
- 10a当たり生産量(t)
- 10a当たり労働時間(hr.)
- 収量1トン当たり労働時間(hr.)

出典)「施設園芸をめぐる情勢」（農林水産省／2020年1月）を参考に編集部にて作成

オランダで収量が飛躍的に増加した理由は、養液栽培の急速な普及、施設構造・整枝法の改善とこれに適した品種改良、炭酸ガスの施用のほか、コンピューターによる環境制御技術が進展したことなどが挙げられます。一方、日本の10a当たりの収量は低い水準で伸び悩んでおり、労働生産性についても、日本とオランダでは大きな開きが生じています。

 ONE POINT

もう1つの成功要因は 地産地消

一大消費地の京阪神にあって、東馬場農園が特に重視する商圏は、農園から半径5km圏内。遠近さまざまな店舗で販売した結果、特に5km圏内での売れ行きがまるで違ったことを受けて、主に近隣の住民を対象にした直売を始めました。農園のそばに中古のトレーラーを置いて直売所代わりにしたところ、売上げが全体の1割を占めるまでになったのです。東馬場さんが設立当初から理念に掲げてきたのは「人が来る農園」。人とは、従業員と消費者の、両方を指します。事実、彼らが新たなパートや買い手を呼んでいます。

ブランド米「つや姫」の陰

「つや姫」産地となるための
さまざまな条件とは

コメの消費量は年々落ちていくものの、都道府県にとってその育種は、いまだに面子をかけた重要な命題です。過去10年だけでも多くの品種が誕生しましたが、名実ともに高い評価を得ている品種に「つや姫」があります。

ブランド米「つや姫」を育成した山形県は、そのブランドを守るため、高温の影響で品質を落としやすい地域を避けるなど、産地を限定しています。

さらに毎年、需要を踏まえて生産する面積の上限を設定し、一定の条件を満たしたJAと農家に面積を配分しています。ほかにも複数ある条件のなか、首をかしげたくなるのは、減反政策の遵守を挙げていることです。

減反政策を実効あるものとするべく、国は毎年、生産数量目標を決め、都道府県に配分し、さまざまな補助金をつけてきました。ただ、2017年をもって国からの配分は終了して

います。いわゆる「減反廃止」です。2018年からは都道府県が独自に生産数量目標を設け、市町村に配分しています。とはいえ、あくまでも目標なので、産地や農家が守る義務は一切ありません。

減反政策を守らないと
「つや姫」は作れない

ところが山形県は「つや姫」を使って減反を半ば強制し続けている節があります。実際、県は「平成31年産『つや姫』生産者募集要項」で、栽培できる条件として生産数量目標に協力することを「基本とする」と記しました。「基本とする」の意味について県米ブランド推進課に質問すると、「(生産数量目標は)守らなくても問題ないということ」。

では、守らなかった人で「つや姫」を作れた人がこれまでいたのかと質問を切り替えると、「いない」と答えています。

つまり事実上、生産数量目標に従わないと、「つや姫」は栽培できません。減反政策は廃止されていないのです。

第**4**章

生産性向上の鍵を握る資材とその業界の動き

農機、農薬、肥料といった資材は、生産性を高めるのに必須です。国内の農業資材の市場は縮小傾向にあり、海外に活路を見出すメーカーも少なくありません。それぞれの資材業界の動向と今後の展望、海外産に比べて高いと批判されることの是非に触れます。

Chapter4
01

農業資材と人口増加

農薬を使わない場合、病害虫や雑草の発生により、ほとんどの作物で減収します。平均して数10％の減収になるのです（一般社団法人日本植物防疫協会）。農機や肥料、農薬といった資材は、いずれも必要から生まれたものなのです。

農業資材の発達の歴史

トラクター
牽引車。耕うんするロータリーなどの作業機を装着して使う。

　トラクターは、第一次世界大戦中の食糧危機をきっかけに、ヨーロッパから普及が進みました。それまでに使われていた牛馬は、疲れたら休ませる必要があり、病気にかかると働けなくなり、そのうえエサのために牧草地の管理までが必要でした。疲れなくて壊れにくいトラクターのおかげで、生産性が向上したのです。

　19世紀半ばに生産が始まったとされる化学肥料は、大幅な収量の改善をまず欧米でもたらしました。化学肥料の国内生産が始まったのは明治以降です。それまで、収量の向上を妨げてきた最大の原因は土中の窒素不足でしたが、空気中の窒素から工業的に作った化学肥料が、ブレイクスルーとなったのです。

殺虫剤の普及が果たした役割

ウンカ
稲につく害虫。

鯨油
クジラなどの哺乳類から採取された油。用途は幅広く、灯油用、ろうそくの原料からマーガリンといった食料までさまざまな用途があった。

　農薬も19世紀以降に、病気や害虫の防除に本格的に使われ始めました。日本は古来、**ウンカ**の大発生に悩まされてきました。長年、田んぼに水を張って**鯨油**を注ぎ入れ、ウンカを叩き落して鯨油にまみれさせて窒息させるという、実に原始的な方法が取られ続けていたのです。殺虫剤の普及は、食糧増産に無視できない役割を果たしました。

農業資材が支える世界の人口

品種改良や農業資材の開発と導入
1940年代から1960年代にかけて、収量の高い新品種の開発・導入や、化学肥料の大量投入などを行い、生産性を向上させ、穀物の大量増産を達成した。「緑の革命」と呼ばれる。

　近代的な農業が始まって以降、世界では何度も食糧危機がありました。農薬や化学肥料などは、ともすれば環境に悪影響を与え得るものとみなされ、否定されがちです。しかし、地球上で現在の人口が養えるようになったのは、農薬や化学肥料、そしてトラクターといった農業資材のお陰なのです。

実証実験に基づく病害虫等による減収

作　物		調査事例数	減収率(%)		
			最大値	最小値	平均値
稲	水　稲	14	100	0	24
畑作物	小麦	4	56	18	36
	大豆	8	49	7	30
	ばれいしょ	2	44	22	33
果樹	リンゴ	8	100	90	97
	モモ	4	100	37	70
	ウメ	2	31	25	28
	ブドウ	1			66
	カキ	6	93	48	75
	みかん	2			57
葉菜類	キャベツ	20	100	10	67
	レタス	3	82	69	77
	ホウレンソウ	1			100
果菜類	キュウリ	5	88	11	61
	トマト	7	93	14	36
	ナス	2	75	21	48
	イチゴ	1			42
根菜類等	ダイコン	12	100	4	39
	トウモロコシ	1			28

出典）「病害虫と雑草による農作物の損失」（一般社団法人日本植物防疫協会／
平成20年6月）を参考に編集部にて作成

農薬は、品質のよい農作物を効率よく安定して生産し、生産コストを抑え、市場に供給するために必要です。農薬を使わなかった場合、ほとんどの作物で減収が発生し、出荷金額にも影響します。

ONE POINT

「虫送り」が今に伝える ウンカ被害の大きさ

稲の害虫であるウンカは、大陸から海を越えて飛来します。前近代には、飢饉の原因となるほど、その被害は深刻なものでした。そのため、害虫の退散と豊作を神仏に祈る「虫送り」をするようになり、江戸時代に広く行われました。「虫送り」は年中行事として今でも一部の地域で伝承されていますが、このような行事を行わなければならなかったということに、その被害の深刻さが表れています。

第4章　生産性向上の鍵を握る資材とその業界の動き

Chapter4
02

農機メーカー

国内の農機市場は出荷額にしてざっと3,800億円。このうち国産が3,000億円を占め、外国産は800億円です。これ以降、国内の農機市場は縮小していくことが予想されます。

農機メーカーは海外進出の時代へ

　国産農機（農業機械）の出荷額のうち2,800億円はクボタ、ヤンマー、井関農機、三菱マヒンドラ農機という大手4社が8割を占めています。大手4社といいながらも、三菱マヒンドラ農機は全体のシェアのわずか5％にすぎず、実際には大手3社といってもいい状況になりつつあります。

　国内の農機市場はこれから一気に縮小していくことが予想されます。というのも、日本の農家は規模の大小にかかわらず各戸がトラクターとコンバイン、田植え機を所有しているからです。農家が一斉にやめていく時代に入った今、主要農機であるこれら三種類の出荷台数は、必然的に減っていくのは目に見えています。

　もちろんこうした未来はずっと以前から予想できたため、各社とも海外へ進出してきました。すでに一部企業は国内よりも海外での売上高が高いくらいです。例えば最大手のクボタの2018年12月の売上高は1兆8,503億円。地域別にみると、北米が6,126億円とトップで、日本は5,773億円。日本を除くアジアが3,349億円、欧州が2,563億円、その他が691億円となっています。

リースという新しい形態

　農機をめぐる問題の1つに値段の高さがあります。主要な農機の平均的な価格の推移を見ると、トラクターにしろ田植え機にしろコンバインにしろ、以前よりも高くなる傾向にあります。国を挙げてコメの生産費を下げる動きがあるなかで、これは1つのネックとなっています。

　そこでリースを行う事業者が出ています。例えばJA三井リースは、全国で作業時期の異なる農家に農機をリレー方式で貸し出

コンバイン
稲や麦などの収穫と脱穀を一台で行う収穫機。

▶ 農業機械の国内市場と輸入

農業機械全体の国内市場（平成27年〈2015年〉）

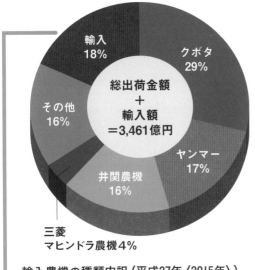

総出荷金額
＋
輸入額
＝3,461億円

クボタ 29%
輸入 18%
その他 16%
ヤンマー 17%
井関農機 16%
三菱マヒンドラ農機4%

輸入を含む国内市場規模は約3,500億円で、大手総合農機メーカー4社で全体の約7割を占めています。国内市場の2割弱は輸入品が占めていますが、主要農機であるトラクターは大規模農家向けの大型機種に限定されます。大半はアジア製の小型の草刈り機や部品です。

輸入農機の種類内訳（平成27年〈2015年〉）

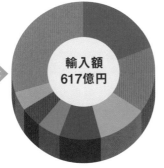

輸入額 617億円

- ■ トラクター
- ■ 草刈機(回転式)
- □ 収穫用機械部品
- ■ 耕うん機部品
- ■ その他の農具
- ■ 防除剤
- □ 草刈機(手押し式等)
- ■ その他

出典）「生産資材（農機・肥料）の現状について」（経済産業省／平成28年2月）を参考に編集部にて作成

し、稼働率を高めています。農家にとっては買うよりも借りたほうが、経費を節減することができます。

　シェアリングの発想はスマート農業（→186ページ参照）でも検討されています。農林水産省は2020年度、遠隔地のモニター画面で複数のロボット農機を監視しながら、パソコンで動かしたり止めたりなどの制御をする技術の実装に入ります。とはいえロボット農機は通常の農機よりも高額なうえ、一戸の農家が今までよりも農機の台数を増やせば、赤字は必至です。それを避けるため、農家同士がロボット農機を共有する構想が出ています。

農薬メーカー

農家側が気になるのは、農薬の値段の高さです。そのため、農薬の世界にも、ジェネリック農薬は進出してきています。コスト削減につながるかもしれません。

国内の農薬メーカー

国内の農薬メーカーは4つに大別されます。1つは多国籍農薬メーカーの現地法人である**外資系メーカー**。次に、**原体**の開発から製剤、販売までを手掛ける**研究開発系メーカー**。他社から購入した原体で製剤する**製剤系メーカー**。そして、特種な農薬を扱うメーカーです。

農薬メーカーの卸売先は、4割が農協の関連企業です。ただ、卸売業者に出荷されたものも2割は農協に流れており、農家が買う農薬の6割は農協が占めています。つまり販売競争がはたらきにくい構造になっているのです。

農薬の分野でもあるジェネリック

一方で、ほかの生産資材と同様、農薬も価格の高さが問題視されています。品目を問わず経営費に示す農薬費の割合は全体で7％に及び、なかでも畑作は11％と最も高くなっています。このため農家にとって農薬費を減らすことは重要な課題です。

農林水産省の調査によると、農薬の購入価格が「高い」「やや高い」と感じる農家は87％にのぼります。これは温暖で多雨、多湿のため、諸外国と比べて病害虫の発生が多いことから、自然と農薬の使用量が増えていることも関係しているかもしれません。

農家にとって購入価格の引き下げということで注目されているのは**ジェネリック農薬**です。2018年12月からその製造が規制緩和されました。ジェネリック農薬は通常の農薬と比べて販売価格が約3〜15％安と、比較的廉価で手に入ります。もちろん効果に違いはありません。

外資系メーカー
シンジェンタやデュポン、ダウ・ケミカル、BASF、バイエルクロップサイエンスなど。

原体
薬（ここでは農薬）の有効成分。特許を取得できる。

研究開発型メーカー
日産化学や住友化学、クミアイ化学など。

製剤系メーカー
北興化学や協友アグリ、アグロ カネショウ、日本化薬など。

特殊農薬
石灰や土壌燻蒸剤などがある。メーカーは、井上石灰や南海化学など。

ジェネリック農薬
原体の特許の有効期限がすぎた後、別の農薬メーカーが製造する農薬のこと。

▶ 農薬の流通

「外資系メーカー」「研究開発系メーカー」「製剤系メーカー」「特殊な農薬のみを扱うメーカー」の4種類の農薬メーカーで、農薬を製造しています。卸売先の約4割は農協関連企業です。また、生産者の約6割は農協から購入しています。

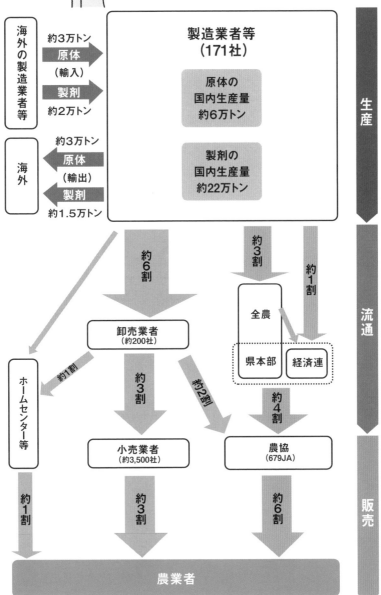

出典）「農薬をめぐる情勢」（農林水産省／平成28年2月）を参考に編集部にて作成

Chapter4
04

肥料メーカー

肥料は国内で製造されたものがほとんどで、輸入品は極めて少ないのが現状です。また、国内で製造された肥料は他国のものと比べて高いと指摘されます。肥料の流通はJA全農が6割のシェアを誇り、動向が注目されています。

📍 小規模事業者がひしめく業界構造

肥料の国内市場規模は約4,000億円。輸入は数パーセントにすぎません。肥料製造大手には片倉コープアグリ、ジェイカムアグリ、サンアグロ、エムシー・ファーティコム、日東エフシーなどがあります。これらの上位8社は2013年時点で46%のシェアを占めており、残り51%に国内の約3,000社もがひしめきあっています。小規模事業者の多い業界なのです。

📍 新たな取り組みと問題点

国内で製造された肥料は他国に比べて価格が高いと指摘されています。特に流通で6割のシェアを握るJA全農に対して、安く仕入れる努力が足りない、いたずらに銘柄を多くしているせいで割高になっているなどといった批判がなされてきました。

そのため、JA全農では、コスト低減のため数百あった肥料の主力銘柄を数十に絞り込み、事前予約を積み上げて注文量を多くしたうえで、入札でメーカーを決めています。また、海外の原料の山元（鉱山会社）や国内メーカーに投資をし、安定して原料や肥料を調達できる体制を整えています。

化学肥料の価格は原料価格の上昇に伴い、上がる傾向にあります（詳しくは4章末のコラム参照）。そのため、海外からの輸入資源に頼らず、国内の未利用資源を活用しようという流れができつつあります。未利用資源とは、食品残渣や下水汚泥などです。

ただし、成分を一定にする、重金属など有害物質の混入を防ぐといった課題もあります。また、産業廃棄物の処理を主目的に肥料を製造する業者もいて、肥料の質がいい加減だったり、畑に有害だったりする悪質なケースもあります。

上位8社
本文に記載した片倉コープアグリ、ジェイカムアグリ、サンアグロ、エムシー・ファーティコム、日東エフシー、セントラル硝子、朝日工業。片倉コープアグリは、2013年当時は合併しておらず、コープケミカルと片倉チッカリンの2社に分かれていた。

化学肥料
肥料とは植物に栄養を与えるために土や植物に施用する物質の総称。なかでも化学肥料とは鉱物などの無機物を原料とした肥料を指す。

▶ 肥料の作り方と利用される原料

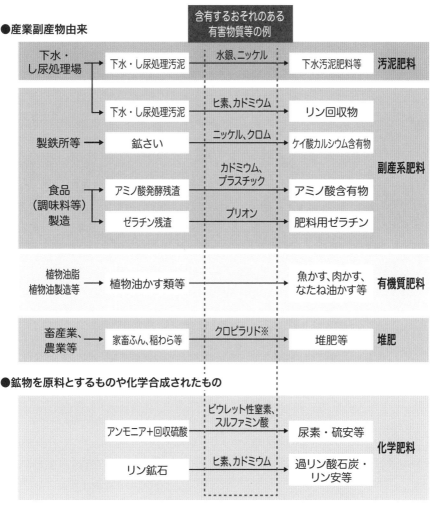

●産業副産物由来

		含有するおそれのある有害物質等の例	

下水・し尿処理場 → 下水・し尿処理汚泥 — 水銀、ニッケル → 下水汚泥肥料等 **汚泥肥料**

下水・し尿処理汚泥 — ヒ素、カドミウム → リン回収物

製鉄所等 → 鉱さい — ニッケル、クロム → ケイ酸カルシウム含有物 **副産系肥料**

食品（調味料等）製造 → アミノ酸発酵残渣 — カドミウム、プラスチック → アミノ酸含有物

→ ゼラチン残渣 — プリオン → 肥料用ゼラチン

植物油脂植物油製造等 → 植物油かす類等 → 魚かす、肉かす、なたね油かす等 **有機質肥料**

畜産業、農業等 → 家畜ふん、稲わら等 — クロピラリド※ → 堆肥等 **堆肥**

●鉱物を原料とするものや化学合成されたもの

アンモニア＋回収硫酸 — ビウレット性窒素、スルファミン酸 → 尿素・硫安等 **化学肥料**

リン鉱石 — ヒ素、カドミウム → 過リン酸石炭・リン安等

肥料は鉱物を原料とするもの、産業副産物を原料とするもの、そして化学合成されたものに大別されます。化学合成においても産業副産物が利用されたり、産業副産物や廃棄物を原料として生産されたりするものが多くなっており、安全確保が重要視されています。

出典）「肥料取締制度の見直しについて」（農林水産省／平成31年4月24日）を参考に編集部にて作成

※クロピラリド
米国、オーストラリア、カナダなどの海外で牧草や穀類の生産に使われている除草剤の成分。これが含まれる飼料を食べた家畜の糞尿を原料にして土づくりすると、トマトやスイトピーなどに生育障害が出る可能性がある。

飼料メーカー

畜産の経営コストに占める飼料の割合はウシで３〜４割、ブタとニワトリでは６割を超え、飼料の自給率は25％（2018年度）です。トウモロコシを初めとする原料の価格変動と為替相場の影響を受けやすいという特徴があります。

飼料の種類と畜産の大規模化の影響

濃厚飼料
穀類、豆類、イモ類、ヌカ類、粕類、油脂類などを原料とした穀物中心のもので、高い栄養価をもつ。濃厚飼料を多く与えると、一定時間でより多くの肥育や、乳や卵の生産ができるようになる。

飼料は粗飼料と濃厚飼料の２つに大きく分けられます。

ブタとニワトリでは、濃厚飼料の割合が実に100％（2017年度）。ウシだと酪農と繁殖牛では４〜６割、肥育牛は９割を占め、圧倒的に濃厚飼料の割合が高くなっています。一方、粗飼料は国産の割合が高く、輸入は24％。濃厚飼料は輸入が88％です（2018年度概算）。

農家自身が粗飼料と濃厚飼料を混ぜて栄養価の高いエサを作ることもできます。ただ、畜産業全体で大規模化が進んでいるため、配合飼料が、飼料メーカーの工場で作られることが多くなっています。酪農ではTMRと呼ばれる栄養価の高いエサを供給するTMRセンターを置く地域が増えています。

配合飼料
飼料メーカーが原料となる穀物や豆類を海外から輸入し、国内の原料も合わせつつ配合・加工する。

飼料メーカーの業界再編

TMR
粗飼料と濃厚飼料を栄養価を考えて適切な割合で混ぜ、調製した飼料。

国内の飼料メーカーは、商系ではフィード・ワン、中部飼料がツートップです。系統つまり農協系のシェアも高く、３割あります。ここ数年間、飼料業界では再編の動きがありました。フィード・ワンは2014〜2015年、協同飼料と日本配合飼料が合併して生まれた会社です。中部飼料は2015年、伊藤忠商事とその子会社である伊藤忠飼料と資本業務提携をしました。その後もメーカー２社が共同で新会社を作ったり、製造を同業他社に移管したりしています。

飼料は国内市場が縮小しつつあるうえ、大手メーカーなどが生産効率の高い工場を整備したために供給可能な量が増え、競争が激化しました。原料の高騰にもたびたび見舞われ、厳しい状態にあり、再編が続いているのです。

▶ 経営コストに占める飼料費の割合

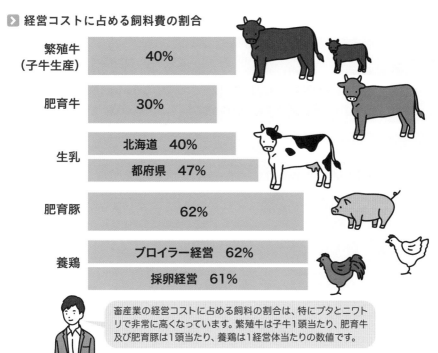

繁殖牛
（子牛生産）　40%

肥育牛　30%

生乳　北海道　40%
　　　都府県　47%

肥育豚　62%

養鶏　ブロイラー経営　62%
　　　採卵経営　61%

畜産業の経営コストに占める飼料の割合は、特にブタとニワトリで非常に高くなっています。繁殖牛は子牛1頭当たり、肥育牛及び肥育豚は1頭当たり、養鶏は1経営体当たりの数値です。

出典）「飼料をめぐる情勢」（令和2年4月／農林水産省）を参考に編集部にて作成

▶ 配合飼料の流通構造

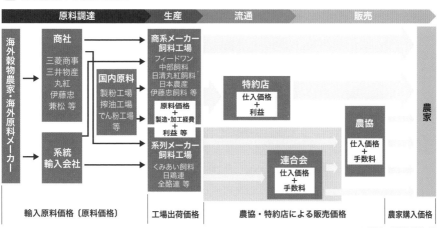

配合飼料工場は海外の飼料穀物や原料を、商社等を通じて調達しています。また、国内の食品工場等から製造かす等の原料を調達しています。「工場直送」「特約店経由」「農協経由」などのルートがあります。農家は農協や特約店から配合飼料を購入する代わりに、技術や経営へ、支援サービスを受けています。

出典）「規制改革会議農業WG（平成28年2月25日）配布資料」より抜粋

Chapter4
06

農業資材の新区分・バイオスティミュラントとは

「バイオスティミュラント（以下BS）」とは、農薬でも肥料でもない新しい資材です。悪天候や干害といった**環境ストレスによるダメージを軽減し、植物を守る役割**をもっています。

📍 非生物的ストレスを軽減する新しい資材

BSは、欧米を中心に注目され、広まりつつある資材の新しいカテゴリーです。悪天候や干害といった非生物的ストレスを制御することで植物のダメージを軽減し、ストレスへの耐性や収量と品質、収穫後の状態などによい影響を与えます。また、干害、高温障害、塩害、冷害、霜害、酸化的ストレス、物理的障害（雹や風の害）、農薬による薬害などにも効果があります。

ほかの資材は、例えば農薬が対象とするのは、害虫、病気、雑草といった生物的ストレスです。肥料なら、植物への栄養供給と土壌への化学的変化をもたらします。BSはこの両者とは異なる働きをします。わかりやすくいうと、植物が本来もっている力を引き出し、収量や品質をアップするのです。

作物は種の時点で遺伝的に最大の収穫量が決まっています。ところがさまざまな生物的ストレスと非生物的ストレスを受けることにより、本来収穫できるはずだった量よりも収量が減ってしまいます。このうち、非生物的ストレスによる収量の減を改善するのがBSです。海藻やアミノ酸、微量ミネラル、微生物資材などさまざまなものがあります。

食糧増産のために収量の改善が求められていることや気候変動などを理由に、市場規模は拡大を続けています。2018年には約22億USドルでしたが、今後数年間に予想される成長率は、年率10％前後と見積もられています。欧米だけでなく、中国、インド、オーストラリアでも市場の急成長が見込まれているのです。法律面では、農薬取締法、肥料取締法、地力増進法のどれにも該当しません。機能性肥料と呼ばれる肥料成分とBSの混合製品は、肥料取締法に基づいて管理されます。

酸化的ストレス
活性酸素の強い酸化力で障害が生じること。強すぎる光や紫外線、乾燥などさまざまなことが原因で酸化的ストレスが生じ、ひどいと植物が枯死する。

生物的ストレス
病害虫や雑草などから農作物が受けるストレス、ダメージのこと。

非生物的ストレス
高温・乾燥や低日照（長雨）などから農作物が受けるストレス、ダメージのこと。

▶ バイオスティミュラントとは

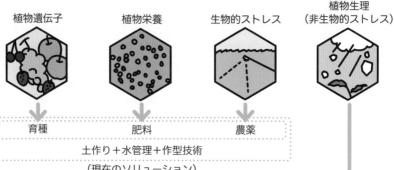

世界中で注目が集まるバイオスティミュラント資材

| 植物遺伝子 | 植物栄養 | 生物的ストレス | 植物生理（非生物的ストレス） |

育種　　　　　　肥料　　　　　　農薬

土作り＋水管理＋作型技術
（現在のソリューション）

・代謝効率アップで収量増、品質向上
・植物耐性の増強、非生物的ストレスから回復
・栄養素の同化、転流の促進
・糖度、色、結実の品質特性向上
・水バランスを調整、改善
・土壌の物理化学的性質を強化、補完的に土壌微生物の発育を促進

バイオスティミュラント
（BS）

これまでの農業では、優秀な作物遺伝子資源の開発、植物栄養の供給、そして生物的ストレスの制御の3つが中心課題でした。新しい資材・バイオスティミュラントは農作物への非生物的ストレスを制御し、気候や土壌のコンディションによるダメージを軽減して、生産力をアップさせます。

出典）JBSA（日本バイオスティミュラント協議会）HP（https://www.japanbsa.com/）を参考に編集部にて作成

 ONE POINT

BSの抱える課題と
日本バイオスティミュラント協議会

実際に効果があるのかどうかわかりにくいこと、植物の置かれた環境や使用方法によって効果が大きく変わることなどが、BSの抱える課題です。国内では、より優れたBSが安全かつ効果的に使われるよう、農業用資材の製造会社などが会員となって日本バイオスティミュラント協議会を2018年に設立しました。新技術や知識の整理と蓄積、情報収集などを行っています。

第4章　生産性向上の鍵を握る資材とその業界の動き

Chapter4
07

種苗メーカー

農業を世界規模で見た場合、450億ドル程度とされる種苗は成長産業であるといえます。穀物需要も過去40年間で倍になり、新興国の人口増加と所得の拡大で、今後もその傾向に陰りはみえません。

バイオメジャーと種苗メーカー

　世界の種苗会社は二種類に大別できます。

　1つは医薬や農薬、化学肥料の開発と製造を本業とするバイオメジャー。巨大な研究資金をもって90年代以降、遺伝子組換作物の育成で成功するなどして、本格的に種苗業界に参入しました。モンサントを買収したバイエル（独）や経営統合したコルテバ・アグリサイエンス（米）、ケムチャイナ（中国）、リマグラン（仏）などがそれに当たります。いずれも大豆やトウモロコシ、なたねなどの穀物類の遺伝子組換作物を開発しています。もう1つは種苗の開発と生産を本業とする種苗メーカーです。

日本の種苗メーカーが生き残るために

　日本の種苗メーカーはいずれも後者に属し、野菜や草花、牧草などの種子を扱ってきました。というのも日本では穀物の品種改良は、国と都道府県の専売特許といえる状況だったからです。

　その得意分野で海外にも進出しています。種苗の輸出額は2017年度で154億円。内訳は71％が野菜、23％が草花です。国内では農家も人口も減る一方であることから、種苗業界で生き残るためには輸出を伸ばすことが不可欠であるといえます。

　また、種苗業界にもほかの産業と同じように、メーカーと卸、小売りの各社が存在します。業界団体の日本種苗協会には1,100社が加盟し、このうち自社で品種改良をしているのは50社ほどです。

　国内の種苗メーカーのなかでいえば、サカタのタネとタキイ種苗は世界の種苗会社の売上高ランキングでトップ10に入るなど、健闘しています。

遺伝子組換
ある生物がもつ遺伝子（DNA）の一部を、ほかの生物の細胞に導入して、その遺伝子を発現させる技術のこと。この技術を活用して特別な性質をもつように改良した農作物が遺伝子組換作物。ある種の害虫に強いトウモロコシや、除草剤に耐性をもつセイヨウナタネなどがある。

品種改良
栽培用の植物や家畜で、より有用な品種を生み出すこと。

▶ 日本における種苗の輸出額

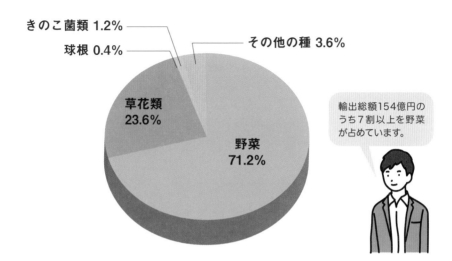

きのこ菌類 1.2%

球根 0.4%

その他の種 3.6%

草花類
23.6%

野菜
71.2%

輸出総額154億円の
うち7割以上を野菜
が占めています。

▶ 野菜種子の世界の主要会社

会社名	販売実績(億円)	シェア(%、世界)
モンサント（米）	890	22
シンジェンタ（スイス）	600	15
ビルモラン（仏）	510	13
ナンザ（蘭）	270	7
サカタのタネ	210	5
タキイ種苗	210	5
ライク・ズワーン（蘭）	210	5
エンザ（蘭）	180	5
その他	920	23

サカタのタネとタキイ種苗
は日本企業。サカタのタネ
はブロッコリーの約65%、
トルコギキョウの約75%、
パンジーの約30%の世界シ
ェアを占めます。

タキイ種苗はキャベツのイン
ドネシアにおけるシェア約70
%、タイでは約50～60%。
観賞用ヒマワリ及びハボタン
の世界シェアも約70～80%
にのぼります。

出典）「種苗をめぐる情勢」（農林水産省食料産業局知的財産課／平成30年6月）を参考に編集部にて作成

苗業界

国内の農業生産が縮小傾向にあるなか、苗業界はまだ伸びしろがあるとされています。それは、もともと苗は買うものではなく作るものであり、苗の購入率が低い地域が残っているからなのです。

苗業界の成長と変動

　自分で育てず買ってくる苗は「購入苗」と呼ばれます。野菜苗や花の苗、果樹苗などがあり、大手から小規模までさまざまな業者が全国にあります。大手はベルグアース（愛媛県）、ハルディン（千葉県）、竹内園芸（徳島県）など。外資も国内市場に攻め入ってくる種に比べ、苗はかさばるうえに長時間の輸送ができないため、海外からの参入が難しく、小規模の業者が多く残っている業界といえます。

　もともと苗は農家が自分で育てるものでした。しかし、育苗には時間がかかるうえ、技術も必要です。そのため、アウトソーシングが進み、苗業界が成長しました。企業的な農業経営の増加が大口の需要を生んだ、という背景も影響しています。

　大手のうち2社が、四国にあります。これは購入苗の需要が生まれた場所が高知県だったためです。高知県は野菜栽培が盛んで「園芸王国」と呼ばれます。日照時間が長いこと、平場が限られ狭い土地で利益を上げられる農業が求められたことなどが理由で、施設園芸が早くから発達しました。この購入苗の需要をとらえ、業績を伸ばしたのが周辺地域の苗業者だったのです。

体制を整えた大手に集約されていく

　「苗半作」という言葉があるように、丈夫な苗を作る、あるいは買うことが、よい作物を育てるためには重要です。特に接木苗（→16ページ参照）は、苗のなかでも作るのに技術が必要で、生育がよいことが知られています。おいしい果実をたくさん収穫できる「穂木」と、根の張りがよく病気に強い「台木」を接合した接木苗は、病害虫や連作障害に強く、ある程度の低温であっても

苗半作
苗の出来で、作物の出来の半分が決まる、出来が左右される、という意味。それだけ苗の出来は重要だということ。

接木の熟練者の確保とコスト削減の問題
接木は、熟練者が手作業で行うため生産コストに占める割合が少なくない。熟練者の確保が将来的に難しくなることと、コストを圧縮する目的で、ロボット導入が試みられている。

セル苗
セルと呼ばれる小型育苗容器の連結したセルトレイで育てられた苗。狭い面積で大量の苗を育てられ、かつ、軽いので運搬や輸送が簡単。

農業現場から出るプラごみの排出抑制
中長期耐久性フィルムや生分解性マルチなどの使用、分別・回収・適正処理の徹底、そのための研究開発などが重要となる。

▶ プラごみ対策になるアースストレート苗

苗が生分解性の不織布で包んであるため、ごみが出ず、植え付けも簡単です。

▶ セル苗とは

扱いが簡便で需要が伸びている。苗が不織布で包んであるため、可燃ゴミとして処理することができる。

資料提供：ベルグアース株式会社

正常に育ちやすく、高い収量が見込めるのです。これら接木苗や、苗を移植する機械に対応したセル苗は、苗業界のなかでも需要が伸びています。小規模業者の多い苗業界ですが、今後、全国に供給できる体制を整えた大手に集約されていくと予想されます。

🖐 ONE POINT

環境を守るプラごみに配慮した
農業資材の開発

不適正な処理で陸上から海洋へ流出し、地球規模での環境汚染が懸念されているプラスチックごみ（プラごみ）の、排出抑制と適正な処理が重要になっています。農業現場でも、ハウスのフィルム、マルチ、ポット、樹脂で覆われた被覆肥料、牧草を包むサイレージラップなどが、プラごみになります。ベルグアースは、プラスチックごみとなるポットを、生分解性の不織布にした「アースストレート苗」を開発しました。顧客の要望から生まれたもので、プラごみが出ません。加えて、鉢から抜き取る手間なしにそのまま植えられるので、省力化にもなります。同社のヒット商品です。

Chapter4 09

世界との農業資材価格の違い

日本の農業資材は海外に比べて高いといわれています。農林水産省の調査でもそれが裏づけられました。複雑な流通構造や非効率な生産体制などが原因だといわれています。

不透明な要素を抱える農業資材業界

農業資材
農業で使用する資材のことで、非常に幅広い。ビニールハウスや畑のうねの表面を覆うマルチシートを初め、防虫・防草を目的とした農薬、トラクターや軽トラック、農薬散布機などがある。

国内の**農業資材**は、価格差が大きい世界です。同じ製品であっても、大口購入だと安価に買えるのは通常の商習慣にのっとったことですが、農業資材の場合、販売元のディーラーや購入者、補助金の利用の有無などによって、価格が大きく変わることが珍しくありません。メーカーが希望小売価格を公表しないことも、まあります。そのため、流通の過程で何重にも手数料が上乗せされるとの指摘もあります。こうした不透明さが資材価格を押し上げ、農家の生産コストを上げていると批判されているのです。

加えて、同じような商品が大量にあって、価格がまちまちだったり商品が絞り込まれなかったりするために、価格が高止まりする問題があります。例えば肥料は、同じような成分を違う割合で配合したもののバリエーションが大変多いのです。そうすると1商品当たりの製造量は少なくなるので、価格が上がります。

農林水産省が構造の変革を推進

日本と世界との資材価格の比較について
2019年の調査で米国のトラクターは価格差が「日本と同程度（＋1割）」とされた。これは国内価格より国外価格が高い唯一のもの。しかし、これは同じ馬力のトラクターの価格を比較したわけではなく、「日本で使用される110馬力超級と米国で使用される300馬力級のトラクターについて、馬力（PS）あたりの価格を比較」しており、公平な比較とはなっていない。

農林水産省は「良質で低廉な農業資材の供給」や「農産物流通等の合理化」といった、農業者の努力では解決できない構造的な問題を解決していくことが重要だとして、2017年に「**農業競争力強化支援法**」を施行しました。農業資材価格の引き下げのため、業界の再編を促し、資材価格を見える化し、定期的に資材の供給について国内外の調査をすることなどを定めています。

同法に基づき、農林水産省は2018、2019年と「国内外における農業資材の供給の状況に関する調査」の結果を公表しました。国内の価格差が大きく、海外と比べて割高だというこれまでの議論を裏づける結果となりました（右ページ参照）。同じような資

▶ 肥料の価格比較

(単位：円)

種別	肥料名	成分(%) (N-P-K)	規格	通常価格 [最小価格〜最大価格（平均価格）]
単肥	石炭窒素(粒)	20-0-0	20kg	2,408〜4,296(3,148)
	硫安(硫酸アンモニウム)(粒)	21-0-0	20kg	800〜2,322(1,157)
	尿素(粒)	46-0-0	20kg	1,108〜2,860(1,767)
	過リン酸石灰(粒)	0-17.5-0	20kg	1,254〜2,592(1,690)
	ヨウリン(粒)	0-20-0	20kg	1,020〜2,430(1,868)
	塩化カリウム(粒)	0-0-60	20kg	1,177〜2,933(1,925)
化成肥料	一般高度化成(14-14-14)	14-14-14	20kg	1,160〜2,673(1,568)
	一般高度化成(16-16-16)	16-16-16	20kg	1,680〜3,240(2,272)
	NK化成	17-0-17	20kg	1,258〜3,078(1,918)
参考	基肥一発飼料(水稲用)	-	20kg	1,980〜4,690(3,336)
	有機入り普通化成(有機含有量20%程度)	8-8-8	20kg	1,080〜3,800(2,367)

主な単肥、化学肥料について、規格、成分を指定して調査を実施した。各調査対象銘柄ごとに、約2〜3倍の価格差があることがわかる。
※N=窒素、P=リン酸、K=カリウム。肥料の三大要素といわれる。

▶ 被覆資材の価格比較

(単位：円)

種類	仕様	通常価格 [最小価格〜最大価格 （平均価格）]
露地トンネル被覆用資材	材質：ポリ塩化ビニル 厚さ：0.05mm 長さ×幅：100m×185cm	4,480〜18,946 (11,502)
	材質：ポリオレフィン 厚さ：0.05mm 長さ×幅：100m×185cm	3,955〜14,000 (9,168)
マルチ用資材 (黒色)	材質：ポリエチレン 厚さ：0.02mm 長さ×幅：200m×95cm	1,078〜2,910 (1,918)
	材質：ポリエチレン 厚さ：0.02mm 長さ×幅：200m×135cm	1,696〜4,104 (2,746)
ハウス外張用資材 ※価格は 1m当たり	材質：ポリ塩化ビニル 厚さ：0.1mm 幅：600cm	324〜1,296 (770)
	材質：ポリオレフィン 厚さ：0.1mm 幅：600cm 流滴処理：練込み式	360〜1,102 (679)
	材質：ポリオレフィン 厚さ：0.15mm 幅：600cm 流滴処理：塗布式	550〜2,600 (1,578)

▶ コメ紙袋の価格比較

(単位：円)

種類	通常価格 [最小価格〜最大価格 （平均価格）]
コメ紙袋30kg (第一種紙袋)	63〜96 (83)
参考　その他30kg	34〜96 (67)

▶ 段ボールの価格比較

(単位：円)

種類	仕様	通常価格 [最小価格〜最大価格 （平均価格）]
ダイコン 10kg用	長辺：520-580mm 短辺：330-360mm 深さ：140-200mm 天ふた：ショートフラップ、A式 印刷：4面2色又は3色	69〜154 (107)
キャベツ 10kg用	長辺：530-600mm 短辺：330-370mm 深さ：160-200mm 天ふた：ショートフラップ、A式 印刷：4面2色又は3色	69〜159 (117)

被覆資材、コメ紙袋及び段ボールについて、それぞれ主な仕様のものの価格について調査を実施した。被覆資材については約2〜5倍、コメ袋及び段ボールについては約2倍の価格差があった。

出典）「国内外における農業資材の供給の状況に関する調査について」（農林水産省／令和元年8月）を参考に編集部にて作成

材であっても、販売店によって、ひどい場合は数倍の価格差があ
りました。

Chapter4
10

ISOBUS

トラクターと作業機との間で行われるデータ通信について、メーカーを問わず相互接続性を担保する世界標準が「ISOBUS」です。ISOBUSに対応した農機がどれだけ広がるかが、スマート農業の行方にも影響するといえます。

ISOBUSでできることと抱える課題

農作業で最もよく利用する農機にトラクターがあります。さまざまな作業機を牽引するのが役割です。最近になって進んでいるのはトラクターと作業機の電子制御化。相互にさまざまなデータのやり取りをしながら、農作業の高度化をはかれるようになっているのです。

例えば1章2節で紹介したブロードキャスターによる可変施肥もそうです。可変施肥とは一枚の農地のなかでも地力に応じてブロードキャスターの開閉度を調整しながら、肥料をまく量を地点ごとに微妙に変える技術。トラクターとデータのやり取りをすることで、車速の変化を読み取りながら、ブロードキャスターで適量をまくことができます。

課題は、トラクターと作業機の通信制御の方法が異なると、データの連携ができなくなること。それでもデータを連携させようとすれば、トラクターか作業機かのどちらかを、通信制御の方法が同じものに買い直さなければなりません。この課題を解消するために、両者のデータ通信の国際的な約束事としてできたのがISO11783という規格なのです。

ISO11783を普及する業界団体にAEF（国際農業電子財団）があります。このAEFがISO11783の実装に向けて定めた統一仕様こそがISOBUSなのです。相互接続性に関する適合テストを用意し、トラクターや作業機を認証するしくみを導入しています。

国内の積極的な開発が期待される

ISOBUSに対応したトラクターと作業機を導入すれば、市販されているいずれのターミナルを用いても作業機を操作できるよう

ブロードキャスター
トラクターに装着して利用する肥料の散布機。

ターミナル
トラクターや作業機を操作するタッチパネル式の端末。

> **ISOBUS装着イメージ**

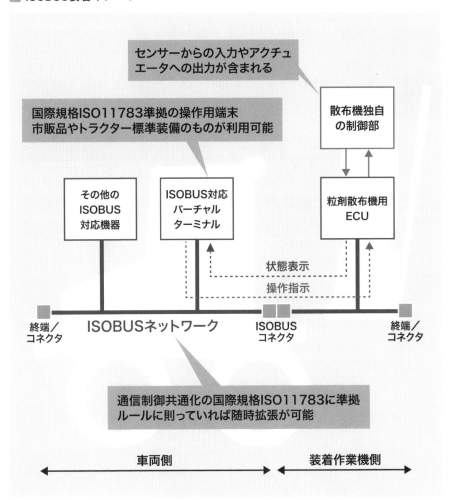

センサーからの入力やアクチュエータへの出力が含まれる

国際規格ISO11783準拠の操作用端末
市販品やトラクター標準装備のものが利用可能

散布機独自の制御部

その他のISOBUS対応機器

ISOBUS対応バーチャルターミナル

粒剤散布機用ECU

状態表示
操作指示

終端／コネクタ　ISOBUSネットワーク　ISOBUSコネクタ　終端／コネクタ

通信制御共通化の国際規格ISO11783に準拠
ルールに則っていれば随時拡張が可能

車両側　装着作業機側

出典）「（研究成果）開発した電子制御ユニットでISOBUS（イソバス）認証を取得」
（農研機構／2018年7月19日プレスリリース）を参考に編集部にて作成

にもなります。つまり1つのターミナルで異なる作業機、あるいは複数の作業機を操作できるようになるのです。

農作業の高度化に欠かせないISOBUS。残念ながら国産のトラクターではそれに対応した機種は私の知る限り現時点では一機種しかありません。国産でISOBUS対応の作業機も限られています。現在、北海道の十勝地方で産学官挙げて開発に向けた動きが始まっており、その行方が注目されています。

Chapter4
11

AgGateway Asia

農業関連のデータを共有するプラットフォーム形成が、熱を帯びてきました。そのなかから海外との連携まで視野に入れた「AgGateway Asia（アグゲートウェイ・アジア）」を紹介します。

国際標準化の促進手段として

「技術で勝って事業で負ける」。日本のものづくりがしばしばこう評される原因の１つは、国際標準への乗り遅れとされます。

農業分野の国際標準化の促進を目指す組織に、米国発祥の"AgGateway（アグゲートウェイ）"があります。農業関連メーカーや流通業者らが情報交換のために作ったプラットフォームで、世界的に組織を拡大しています。"AgGateway Asia"はそのアジア版で、国内の農業ITベンチャーや研究者らが中心となり、2018年に設立されました。日本農業の「ガラパゴス化」を防ぎ、国際標準の形成に日本が積極的に加わることを狙いとしています。

国内の農機メーカーや、スマート農業に関連する会社、農業の経営管理などの情報ツールを提供する会社の多くは、国内をメインターゲットに製品を作っています。自然と、国際標準への対応は後手に回りがちです。とはいえ、国内市場がしぼむなか、国際標準化に対応できなければ、将来危機に直面しかねません。

海外市場への可能性を切り拓く

AgGateway Asia設立に踏み切った主な理由は以下の３つです。
①国内の標準だけでなく、国際標準への適合も国内企業の競争力を高めるために必要
②アジアのモンスーン地域での水稲栽培の技術などを世界の標準にも組み込みたい
③AgGatewayの活動に参加し、世界の農業の情報を共有したい
たとえいい製品であっても、標準になれなければ駆逐されるのが標準化の怖いところ。逆に国際標準に対応した製品を作れば、海外市場が一気に開ける可能性もあります。

プラットフォーム
商品（ここでは農作物はもちろん、農業に関する機械や資材など）・情報などと人をつなぐ「場」のことを指す。

ガラパゴス化
日本で生まれたビジネス用語。生物が独自の進化を遂げたガラパゴス島から来ている。独自に発達した技術、サービス、システムなどが世界標準とずれていくことを揶揄した言葉。

▶ AgGatewayの世界的なつながり

AgGatewayにはグローバルネットワークがあり、農業ICTを推進することで農業全体を発展させることを目指しています。初期の母体は2005年設立のAgGatewayノース・アメリカ。ヨーロッパとラテンアメリカは設立済みで、オーストラリア・ニュージーランドが設立予定です。アジアは2018年に設立されています。

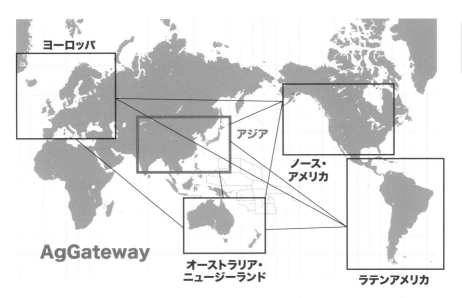

出典）「グローバルビジネス『農業』を支えるICT〜世界と日本の取り組み」
（一般社団法人ALFAE事務局）を参考に編集部にて作成

✔ ONE POINT

プラットフォームの構築による
データの共有と標準化

スマート農業関連で開発される農機やアプリ、システムは、ユーザーの囲い込みを重視してきたため、情報の互換性や相互の連携に欠けていることが指摘されています。その解決策として、データを共有する「農業データ連携基盤（WAGRI）」の構築を目的に、2017年「農業データ連携基盤協議会」が国の主導で立ち上げられました。AgGatewayとは補完し合う関係を築く予定です。

原料の枯渇が懸念される化学肥料

原料の高騰が農家を直撃

化学肥料の原料の値上がりが心配されています。2008年には肥料の三大要素であるリン酸やカリを含む原料の高騰が起きました。これは国際的にリン酸、尿素やカリが高騰し、原料の供給がひっ迫したことなどが原因です。日本は原料の大半を輸入に依存しており、リン酸の原料となるリン鉱石とカリの一種である塩化カリは全量を輸入しています。そのため、国際相場の高騰が農家の経営を直撃しました。

肥料の三大要素である窒素、リン酸、カリのうち、リン酸とカリの原料は埋蔵量が限られます。特に少ないのがリン酸で、枯渇までの年数の予測は、数十年〜数百年まであります。

原料を安定して手に入れるうえでの不安要素として、資源が特定の国に偏在することが挙げられます。08年の高騰は、中国などの主要産出国で、輸出よりも自国の内需を優先する動きがあり、海外への供給が細ったことが要因でした。加えて、リン鉱石の加工に必要な硫黄が高騰し、ロシアでカリ鉱山が水没したことも影響しました。

近年、価格の高騰は落ち着きましたが、化学肥料は値上がりする傾向にあります。

慎重で適切な施肥を

対策として国が強調しているのが、産業副産物の肥料への活用です。なかでも下水道由来の下水汚泥肥料に、化学肥料に近い効果をもつものとして、期待しているようです。

ところで、国内には化学肥料を漫然と与え続けたためにカリやリン酸が過剰になっている農地も少なくありません。よく使われるのが「オール14」という3要素が14％ずつ入った肥料です。作物が肥料の成分をどれだけ吸収しているか把握せずに投入を続けた結果、必要以上の量が土に蓄積し、作物が病気にかかることもあります。

枯渇が心配される安くない資源を過剰にまいて、資源量が必要以上に減るという皮肉な状況があります。土壌診断に基づいた適切な施肥が重要です。

第5章

変革する農業経営

農家の高齢化と戸数の減少が懸念され、今後はその傾向に拍車がかかることが予想されます。激動ともいえる農業の変革期において、すでに新たな農業の経営体が登場しているほか、働く人たちの幅は広がってきています。

Chapter5 01

大規模化する農業経営体

全国で今、大勢の農家が一斉にやめる大量離農が起きています。高齢による体力の低下や機械の破損などを理由に離農する人たちが後を絶ちません。子どもは市街地で暮らして別の仕事をしており、後継者とはなりにくいのです。

大量離農と規模拡大

　大量離農が進む裏で、残る農家のもとに農地が集まり、規模の拡大が急速に進んでいます。農林水産省が5年ごとにまとめている**農林業センサス**をみると、農家や農業法人などを合わせた**農業経営体**（→98ページ参照）数は、2005年に201万戸だったのが2015年には138万戸と過去10年で3割も減っており、それに伴って、規模の拡大が進展しています。

販売金額も増加

　平均的な経営耕地面積別の農業経営体数を、地域別に見てみましょう。

　北海道では50ha未満の階層が軒並み減っているのに対し、50ha〜100ha未満が4,438から4,584と微増、100ha以上は705から1,168と6割以上増えています。都府県では5ha未満が189万から126万と3割以上減少しているのに対し、5ha以上は軒並み増えています。なかでも50ha以上100ha未満は、459から1,537と3倍以上になり、伸びが目立ちます。

　規模が拡大すれば、当然ながら販売金額も増えます。販売金額別の農業経営体数を見た場合、1,000万円未満と5,000万円未満の階層は減っているものの、5,000万円以上3億円未満は1割増、3億円以上は5割増となっています。

　これまで日本の農家は経営規模が小さく、販売金額はごくわずかで儲からないというイメージがありました。しかし、上記の数字を踏まえると、実際は異なることがわかります。

　大量離農によって1つの農業経営体の販売金額は、自然と大きくなっていくのです。

「農家」と「農業経営体」

「農家」とは経営耕地面積が10a以上か農産物の販売金額が15万円以上の世帯。「農業経営体」はこうした小規模な自給的な農家を除いた経営を指す。

▶ 農産物販売金額規模別農業経営体数の推移

(単位：経営体)

	平成17年 (2005年)	平成22年(2010年)		平成27年(2015年)	
			増減率(%)		増減率(%)
1,000万円未満	1,608,887	1,373,593	−14.6	1,119,685	−30.4
1,000万円以上 5,000万円未満	137,092	118,117	−13.8	108,547	−20.8
5,000万円以上 3億円未満	13,594	13,482	−0.8	15,173	11.6
3億円以上	1,182	1,384	17.1	1,827	54.6

資料：農林水産省「農林業センサス」
注：販売なしの農業経営体を含まない。

▶ 経営耕地面積規模別農業経営体数の推移（北海道）

(単位：経営体)

	平成17年 (2005年)	平成22年(2010年)		平成27年(2015年)	
			増減率(%)		増減率(%)
5ha未満	16,312	12,627	−22.6	10,195	−37.5
5ha以上20ha未満	20,553	16,032	−22.0	13,197	−35.8
20ha以上50ha未満	12,608	12,291	−2.5	11,570	−8.2
50ha以上100ha未満	4,438	4,692	5.7	4,584	3.3
100ha以上	705	907	28.7	1,168	65.7

資料：農林水産省「農林業センサス」

▶ 経営耕地面積規模別農業経営体数の推移（都府県）

(単位：経営体)

	平成17年 (2005年)	平成22年(2010年)		平成27年(2015年)	
			増減率(%)		増減率(%)
5ha未満	1,899,393	1,564,727	−17.6	1,262,058	−33.6
5ha以上20ha未満	51,634	59,838	15.9	64,428	24.8
20ha以上50ha未満	3,119	6,492	108.1	8,107	159.9
50ha以上100ha未満	459	1,165	153.8	1,537	234.9
100ha以上	159	313	96.9	422	165.4

資料：農林水産省「農林業センサス」

販売金額や経営面積の規模別の推移を見ると、北海道でも都府県でも大規模化していることがわかります。

「日本の農業は規模が小さく、儲からない」というイメージは、これを見ると間違っていることがわかりますね。

第5章 変革する農業経営

増え続ける農業法人

農業法人の数は右肩上がりを続けています。個人経営の農家が法人化することもあれば、異業種の企業が農業参入して法人を立ち上げることもあります。個人経営の法人化が進む理由は？　また法人化のメリット、デメリットは？

増える法人化

農業構造動態調査
農業を取り巻く諸情勢の著しい変化を受け、農林業センサス（5年ごとに実施）実施年以外の年の農業の構造の実態と変化を明らかにするために行われる。農業生産構造、就業構造などの基本的な事項を把握して、農政に必要な資料を整えることが目的。

農林水産省の**農業構造動態調査**によると、農産物を生産する法人経営体は2万3,400あり、前年に比べ3.1％増加しました（2019年）。法人以外も含む**農業経営体**は118万8,800で、前年比2.6％の減です。2019年には農業の担い手である認定農業者のうち、法人の割合が初めて1割を超えました。農業法人は存在感を増しています。

税制面における法人化のメリット

農業経営体
農産物の生産や委託を受けて農業作業を行う事業者のうち、経営耕地面積が30a以上といった一定の基準をクリアした規模で農業をする者。

法人が増えるのはやはりメリットがあるからです。まず、家族経営を法人化すると、家計と経営が分離され**財務諸表**の作成が義務化されます。そのため経営管理が徹底されて、銀行や取引先への対外的な信用が高まります。また、就業規則が定められたり社会保険や労働保険に加入したりすることで、従事者の福利厚生も充実します。

財務諸表
財務三表ともいう。決算処理を行う際に作成する賃借対照表、損益計算書、キャッシュフロー計算書の総称。

継承の選択肢が増えるのも重要です。個人農家で身内に跡取りがいないと、廃業の可能性が高くなりますが、法人なら従業員に経営を譲ることもできますし、優良経営なら会社を売るという選択肢もあります。税制面でのメリットも見すごせません。個人経営の場合、所得に一律に所得税が掛かり、最高で45％の**累進課税**が適用され、内部留保がしにくいといえます。法人の役員報酬は**損金**に算入することができますし、加えて内部留保にかかる**法人税**は通常20％少々。つまり、所得が高い経営体ほど法人化すると節税になるというわけです。

累進課税
課税対象に従って税率が決まる方式。課税対象が増えれば税率も高くなる。

一方で、デメリットもあります。コストの面でいえば、労災保険、雇用保険、健康保険、厚生年金保険などの**福利厚生費**に加

▶ 法人化のメリットとデメリット

法人化の主なメリット	
経営管理能力の向上	経営責任への自覚を促し、経営者としての意識改革が進みます。家計と経営が分離され、家族経営でありがちなどんぶり勘定はできなくなります。
対外信用力の向上	財務諸表の作成が義務化されるため、金融機関や取引先からの信用が増します。
農業従事者の福利厚生面の充実	社会保険、労働保険の適用による従事者の福利が増進します。労働時間などの就業規則が整えられ、給与額などの就業条件が明確になります。
経営継承の円滑化	構成員、従業員のなかから意欲ある有能な後継者を確保できる可能性があります。
節税	役員報酬は法人税の課税に際して損金に算入できます。法人は、赤字を10年間繰り越せます。個人事業主の場合の繰り越しは3年間です。
融資限度額の拡大	農業経営基盤強化資金（スーパーL資金）の貸付限度額が、個人では3億円（複数部門経営は6億円）なのに対し、法人では10億円（民間金融機関との協調融資の状況に応じ30億円）になります。

法人化の主なデメリット	
コスト増	赤字でも課税される法人住民税、従業員のための福利厚生費がかかります。税理士と顧問契約を結ぶ場合、顧問料は安くはありません。

法人化した場合のメリット・デメリットは、本文で挙げたほかにも、表にまとめたようなことが考えられます。

人材育成の費用やそれにかかる時間も見すごせません。経営者やマネージャーの管理能力も問われますね。

え、税理士の**顧問料**が増える可能性があります。また、地方自治体に納める法人住民税は、個人住民税と違って赤字でも納めなければなりません。また、社員が定着するとは限りません。優秀な人に限って独立してしまうという話もよく聞きます。

このように、法人化は問題を一挙に解決するようなウルトラCではありません。メリットとデメリットを把握し、経営で実現したいことと合うのかどうか、よく吟味する必要があります。

損金
企業や法人から出ていく損失などのことをいう。

法人税
企業（株式会社など）が業務を通じて得た各事業年度の所得にかかる税金のこと。

第5章　変革する農業経営

Chapter5
03

規模拡大の限界と突破

農業の場合、1つの経営体当たりの稲の作付面積が15haを超えると、コストダウンは頭打ちになるケースが多く見られます。この限界は、乗り越えられないのでしょうか。

日本の農家が「頭打ち」になる理由

アベノミクス「三本の矢」
安倍晋三総理大臣が打ち出した「大胆な金融政策」「機動的な財政運営」「民間投資を喚起する成長戦略」の3つ。デフレ克服を至上命題に掲げ、これを実現するためのもの。アベノミクス第一弾。

　農林水産省が発表している「コメの作付規模別生産費」によれば、15haを超えると1俵当たりの全算入生産費（自家労働や自己資本利子、自作地地代を含む）は、ほとんど下がらなくなってしまいます。

　理由は少なくとも2つあります。1つは「分散錯圃」。つまり日本では農地が点在しているため、作業のため農地から農地へと移動するのにかなりの時間を取られてしまいます。その結果、作業効率が悪くなり、生産費が下がらないというわけです。

　もう1つは大規模化するほどに、その分だけ農機の所有台数を増やすことになり、生産費がなかなか下がらないことが挙げられます。下手をすれば、逆にコストアップの恐れもあります。

コメの生産費4割減を達成する2つの方法

　アベノミクス三本の矢である「日本再興戦略」では、コメの生産費を4割削減する目標を掲げています。4割削減とは60kg当たり1万円以下にすることです。

　では、目標を達成するにはどうすればいいのでしょうか。1つは収量の多い品種を選ぶことが挙げられます。最近はハイブリッド品種を含めて従来よりも数割多く獲れる品種が出ています。

乾田直播
乾いたままの田んぼに種もみを直接まく栽培法。日本の農家が一般にやっている、水を張った田んぼに稲を植える移植体系とは違っている。

　もう1つは乾田直播（かんでんちょくは）です。通常の田植えである移植体系と大きく違うのは、育苗と代かきが不要になる点。農林水産省の「農業経営統計調査」によれば、作付規模別の労働時間を見た場合、とくに育苗にかかる時間は面積が拡大するとむしろ増える傾向にあります。コメの生産費のうち労働費は約35％なので、育苗や代かきの省力化はコスト削減には重要なのです。

▶ 作付規模別の全算入生産費（平成30年度、10a当たり）

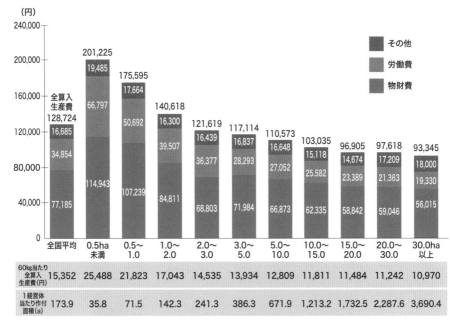

	その他	労働費	物財費

（円）	全国平均	0.5ha未満	0.5〜1.0	1.0〜2.0	2.0〜3.0	3.0〜5.0	5.0〜10.0	10.0〜15.0	15.0〜20.0	20.0〜30.0	30.0ha以上
全算入生産費	128,724	201,225	175,595	140,618	121,619	117,114	110,573	103,035	96,905	97,618	93,345
その他	16,685	19,485	17,664	16,300	16,439	16,837	16,648	15,118	14,674	17,209	18,000
労働費	34,854	66,797	50,692	39,507	36,377	28,293	27,052	25,582	23,389	21,363	19,330
物財費	77,185	114,943	107,239	84,811	68,803	71,984	66,873	62,335	58,842	59,046	56,015
60kg当たり全算入生産費（円）	15,352	25,488	21,823	17,043	14,535	13,934	12,809	11,811	11,484	11,242	10,970
1経営体当たり作付面積(a)	173.9	35.8	71.5	142.3	241.3	386.3	671.9	1,213.2	1,732.5	2,287.6	3,690.4

労働費や資材の合計を費用合計といい、ここから副産物価額を差し引いた残りを生産費といいます。全算入生産費とは、生産費に支払い利子と地代、自己資本利子と自作地地代を加えたもののことです。

全算入生産費は15haを超えると下がらない傾向が見て取れます。

出典）「農業経営統計調査　平成30年産米生産費（個別経営）」（農林水産省／令和元年10月23日公表）を参考に編集部にて作成

　作業機のスピードによる違いもあります。通常、ロータリーによる耕うんの時速は2km/hで、田植え機による移植は3〜5km/hです。これに対して畑作の耕うん手段として使う**プラウ**や**スタブルカルチ**では6〜8km/h、播種機のドリルシーダーでは10〜13km/hにもなります。後者の作業機を活用するのが乾田直播。つまり、移植体系よりもずっと作業が速いのです。

プラウ
トラクターに牽引させて使う鋤。

スタブルカルチ
トラクターに牽引させて、土を粗く起こして表層を乾かせ、有機物を腐食させる作業機。

第5章 変革する農業経営

「農業で稼ぐ」を実現する

フード・バリュー・チェーンを意識した儲かる農業ビジネス

農業のGDPとされる農業総産出額は9兆円。この数字がいかに小さいかは、例えば誰もが知る世界的なメーカーの年間の売上額と比較してもらえればよくわかります。では、農業は本当に儲からないのでしょうか。

農業で稼ぐために

日本の農家数は215万戸（2015年時点）も存在します。分母が多いぶん、一戸当たりの売上げは必然的に少なくなってしまいます。

それでは、どうすれば農業で稼げるようになるのでしょうか。その1つの方向性として、食と農を連携させた**フード・バリュー・チェーン**の構築が模索され始めています。

フード・バリュー・チェーン
農産物の生産、製造、加工、流通、消費に至る各工程をつないで構築される、食をめぐる一連の流れのこと。

利益の源泉はどこにあるか

注目すべきは、農業を含めた食料関連産業の国内生産額が95兆円もあることです。農業界の川上から川下に流れている額は9兆円。つまり、加工されたり小売りされたりすることで、10倍以上にその儲けを増やしているということになります。ただし、食産業が発展するほどに、利益の源泉は農業から離れていってしまうのは、世界各国の例を見てもよくわかります。

儲かる農業を形作るのであれば、販売や加工などフード・バリュー・チェーン全体のなかで利益の源泉がどこにあるかを探しながら、**ステークホルダー**との間で関係を結び、ビジネスを創造していくことが大切です。

ステークホルダー
利害関係にあるもの。消費者。

年商数億円の農業法人が誕生している

プロダクト・アウトばかりの農業にとどまっていては、いつまでたっても世間の常識を覆せません。しかし、すでに新ビジネス創造の萌芽は、契約栽培や顧客情報を踏まえた商品開発などといった形で生まれています。年商数億円という農業法人が、次々に誕生しているのです。

▶ フード・バリュー・チェーンの形成

付加価値向上

生産	加工	流通	販売
一次産品の 高付加価値化	食品の 高付加価値化	物流効率化及び 物流コストの低減化	販売国内及び海外 への販路拡大
●生産性向上	●加工技術の向上	●鮮度保持輸送技術の 開発・普及拡大	●輸出可能性の高い 食料・商品の発掘
●品質向上	●安全性・有用性の 分析評価		
●用途に応じた 品種改良	●高付加価値商品の 開発	●小口共同配送システム の構築	●海外輸出事業者等との ネットワーク構築
●貯蔵技術の開発・確立 による供給機関の拡大	●省力化機械の 開発・普及拡大		

出典）一般社団法人北海道食産業総合振興機構HP「フード特区機構」を参考に編集部にて作成

農水産物を活かした付加価値の高い食品を生産して、国内だけでなく海外への販路も検討しなければなりません。

農業で稼ぐためには、一大フード・バリュー・チェーンの形成が必要です。そのためには、生産から加工、流通、販売に至る川上から川下の連携の強化・拡大が必須です。

Chapter5 05

フランチャイズ農業

これから農家が一斉にやめ、農地が放出されてきます。その受け皿として、注目しておきたいのがフランチャイズ型の農業です。この形態の農業経営体は必然的に増え続け、日本の農業を牽引する大きな勢力になるはずです。

農業界におけるフランチャイズの形

フランチャイズビジネス

アメリカで開発され、日本に普及したビジネス形態。運営する企業をフランチャイザー（本部）とし、権利を与えられるものをフランチャイジー（加盟店あるいは加盟社）という。

プレイヤー

ビジネスにおいて仕事をするもの。

ビジネスモデル

事業戦略のこと。特に、利益を生み出す製品やサービスに関する戦略と利益構造を指す。

　一般に**フランチャイズビジネス**で活躍するのは、フランチャイザー（本部）とフランチャイジー（加盟店）という、商業上の契約関係にある２つの**プレイヤー**です。本部は契約を結んだ加盟店に対し、①商号や商標の使用権の認可、②開発した商品やサービス、情報といった経営ノウハウの提供、③継続的な指導や援助、といった後押しをします。その見返りとして、加盟店は加盟料やロイヤリティを支払う――コンビニエンスストアなどの小売業やファーストフード、ラーメン店などの外食産業では、お馴染みの**ビジネスモデル**です。

　農業界でも基本的な構図は変わりません。まず実力のある農家が本部となり、加盟店に当たる農家を募集します。そして、イチゴならイチゴ、トマトならトマトと、同じ品目を生産し、同じブランドで売ります。本部が開拓した取引先からの求めに応じて品種や規格を統一し、適期に適量を出荷することを目指します。

フランチャイズ農業のメリット

　農家がフランチャイズに加盟する利点はおおむね以下のようなものがあります。まず、販路の開拓を本部が請け負ってくれること。作った物は本部が買い取ってくれるので、売り先を探す苦労はありません。だから栽培に専念できるという図式です。また、肥料や重油などの資材を共同で購入すれば、交渉次第で安価に入手することができます。

　こうした役割は本来であれば農協が担ってきました。農協が農家の要望に応えられないなか、農家が農協に代わってこうした農家の連合体を作ることは、避けられない事態となっていくのです。

▶ フランチャイズ農業の一例

フランチャイジー
（加盟者）

農業者

畑、生産設備

手数料を
除いた代金

フランチャイザー
（本部）

農業者

畑、生産設備
倉庫、予冷設備

代金　発注　出荷

実需者

食品メーカー
流通業者
小売店など

フランチャイザーが集荷

出荷

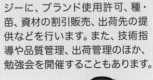

フランチャイザーはフランチャイジーに、ブランド使用許可、種・苗、資材の割引販売、出荷先の提供などを行います。また、技術指導や品質管理、出荷管理のほか、勉強会を開催することもあります。

フランチャイジーから直接実需者に出荷する、産地直送のケースもあります。

集落営農の陥るジレンマ

集落を単位に農業生産の一部または全部を共同で行う集落営農は、全国で1万4,832に達しています（以下いずれも2020年2月1日時点）。そんななか、担い手の確保や経営面の課題が深刻化しています。

進む集落営農の法人化

集落営農
集落を単位とした農業に取り組む組織のこと。任意組織や法人がある。

　集落営農は、水田を主とする集落の農業を維持する手段として全国で進められてきました。1つの集落で構成するものもあれば、複数の集落で構成するものもあります。

　集落営農的なものは、昔から集落にありました。1960年代は田植えや稲刈りといった作業を共同でしていましたし、1970年代には価格が高い小型農機を、しばらくは共同利用していました。そして、1980年代以降に、任意の営農集団を集落につくる動きが全国で見られるようになります。ただし、任意組織は**内部留保**ができず、機械の更新の費用を貯めることができません。その対策として1990年代の後半から台頭してきたのが、集落営農の法人化です。

内部留保
企業、この場合集落営農組織が生み出した利益から、税金などの経費等外に出る分を差し引いた額。または、自己の利益によって調達した部分のこと。

　法人化すれば、内部留保ができるので、機械の更新に備えることができます。また、**オペレーター**も、労災保険や雇用保険、厚生年金といった社会保障制度に加入することができ、安心感が増します。さらに、2005年〜2006年に小規模農家では対象にならない支援策が打ち出されたため、集落営農組織の結成が一気に進みました。集落営農に占める法人の割合は右肩上がりで、36.8%に達しています。

オペレーター
機械を扱う人。

集落営農が抱える課題

　ところが今、多くの集落営農が課題を抱えています。内部留保が難しいこと、集落内で農業に関わる人が減ってしまうこと、雇用の確保が難しいことなどです。

2005年〜2006年に打ち出された小規模農家が対象にならない支援策
2005年の「経営所得安定対策」と2006年の「品目横断的経営安定対策」。どちらも面積要件によって、対象となる農業者を絞り込んだ。

　内部留保が難しいのは、規模の小ささが主因です。集落営農のうち、1つの集落で構成するものが73.1%を占め、20ha以下の

▶ 集落営農の取り組み

集落営農は、次のいずれか
の取り組みを行うものです。

❶ 集落で農業用機械を共同所有し、集落ぐるみのまとまった営農計画等に
基づいて集落営農に参加する農家が共同で利用する。

❷ 集落で農業用機械を共同所有し、集落営農に参加する農家から基幹作業
受託を受けたオペレーター組織等が利用する。

❸ 集落の農地全体を1つの農場とみなし、集落内の営農を一括して管理・
運営する。

❹ 地域の意欲ある担い手に農用地の集積、農作業の委託等を進めながら、
集落ぐるみでのまとまった営農計画等により土地利用、営農を行う。

❺ 集落営農に参加する各農家の出役により、共同で農作業を行う。

❻ 作付地の団地化等、集落内の土地利用調整を行う。

面積のものが50.4％に達します。内部留保ができないという事
実は、機械が壊れても更新ができないという不安に直結します。

　また、集落内で農業に関わる人が減るのは、経営者やオペレー
ターの人数が個別に経営していたころよりも減るので、当然のこ
とではあります。

　ただ、当事者が減れば、後継者も減ります。集落の農地を保全
するために作ったはずの集落営農によって、逆に集落にとどまる
人が減り、営農組織の世代交代すらままならなくなるという皮肉
な現実があります。

　最後に、雇用の確保が難しいのは、稲作の場合は冬場に仕事が
なくなるからです。ただでさえ人手不足の時代に、**周年雇用**がで
きないとなると、働き手の確保が困難になるのは当然でしょう。
このような課題が山積しており、経営が行き詰まる集落営農が今
後増えることが予想されます。

周年雇用
年間を通じた雇用。

Chapter5
07

広域化と連携が集落営農の解

集落営農は現在直面している困難を克服し、次世代に引き継いでいかねばなりません。キーワードは「広域化」と「連携」。既存の組織の経営改善や再編を、どう進めていくのがよいのでしょうか。

集落営農を引き継ぐための課題

　集落営農は、新規設立が減少傾向にあるのに対し、解散・廃止が一定の水準で続いています。この傾向を食い止め、次世代へ引き継いでいくためには、既存の組織の経営改善や再編が喫緊の課題です。農地の集積、若手の雇用・育成、経営の多角化、組織の統合や広域化、営利部門と公益部門の分離などが考えられます。

ネットワーク型とプラットフォームの形成

　全国で広がりつつあり、かつ効果的だと考えられているのは、広域化と連携の動きです。

　まず「ネットワーク型」と呼ばれる形があります。複数の集落営農組織が集まり、新規法人といった新たな組織を作って機械を共同利用したり、共同で作業をしたり、資材を共同購入したりします。

　もう1つ、より緩やかな**プラットフォーム**の形成があります。地域には兼業農家や専業農家、法人経営などさまざまな形態の農業者がいます。転作用の大豆や麦は共同で生産する、もし個人農家が高齢などを理由に営農できなくなれば集落営農組織や法人で農地を預かる、といった具合に緩やかに連携するのです。近年の統廃合が進む前の小学校区くらいの広さを範囲とします。

　というのも、1つの集落単位で考えると、農地が限られるうえ、オペレーターが見つからなかったり、経理を担当する人がいなかったりといった人材不足の問題があって、集落営農の存続には困難が伴います。その点、**旧小学校区**くらいまで範囲を広げれば、生産量が増えて販売に有利になり得ますし、人材も豊富になるというわけです。

旧小学校区
かつての小学校区を単位に2階建て方式（右ページ参照）の組織を作り、健闘しているのが、東広島市（広島県）の集落営農組織ファーム・おだ。13集落からなる小田地区の農地の9割弱を管理する。「小さな役場」というべき自治組織と、「小さな農協」というべき集落営農法人を自分たちで立ち上げ、地域作りと農業振興を進めている。コメ、麦、大豆を生産し、付加価値のある栽培やロットの大きさで販売を有利にし、若手も雇用した。

▶ 集落営農の連携

集落営農法人は、「農地を守ること」と「所得と雇用の拡大」の2つの機能をもつ。いくつかある小さな法人に対して連合体を形成し、経営規模の拡大や所得の向上をはかり、広域の取り組みを強化する。

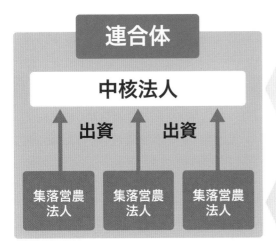

出典）山口県地域農業戦略推進協議会のHPを参考に編集部で作成

▶ 集落営農組織の2階建て方式と3階建て方式

■2階建て方式

2階部分	農業生産法人
1階部分	地域営農組合

■3階建て方式

広域の機械共同利用組織	3階部分
集落営農	2階部分
小さな自治・地域自治組織 農用地改善団体など	1階部分

集落営農組織は「2階建て方式」の1階部分に地域の自治組織や営農関連の任意組織を、2階部分に農業法人をもつという形態が多く見られます。

2階建て方式に3階部分を加えたネットワーク型。3階部分には新組織が加わります。

加速する大規模化、株式会社化

農地の集積

全農地面積の8割を担い手へ集積する──。アベノミクス三本の矢の1つ「日本再興戦略」が、2023年までの目標として掲げる数字です。同戦略を閣議決定した2013年は48%でした。その後、どうなったのでしょう。

農地中間管理事業の創設

日本農業の生産性が低い要因の1つに、農地が分散していることが挙げられます。そこで、農地の分散を解消するため、農林水産省は2014年に**農地中間管理事業**を創設しました。同事業を受けて全都道府県に設置された**農地バンク**は、言ってみれば、農地をあっせんする受け皿です。貸したい、あるいは売りたい農地を集め、必要としている農家に提供するのが役割です。

気になるのは進捗率です。残念ながら、2018年時点では56.2%にとどまっています。しかも伸び率は下がってきており、2018年は前年比1％増にすぎません。なぜ進まないのでしょうか。

その理由の1つに、農地バンクは公募で借り手を選ぶため、借り手が誰になるかわからないことがあります。貸し手にとって、特に気になるのは、農地を丁寧に扱ってくれるかどうか。だから借り手がたしかな人物かどうか判断し、自ら選びたいわけです。加えて、農地バンクでの借入期間が原則的に10年以上と長いこと。この間、より高額で借りたいという話や農地転用の話があっても、応じることはできません。こうした状況や条件が変わらない限り、目標が達成できるかどうかは厳しいところです。

自治体レベルの取り組みの成功事例

彦根市（滋賀県）稲枝地区の中核的な農業法人であるフクハラファームは、経営耕地面積200haに対して**筆数**は300枚。つまり1枚平均は70a弱となります。国内の農地の平均20a強と比べると、いかに大きいかがわかるでしょう。しかもいずれの農地も、同じ地区に集約されています。

同社が手掛けてきたのは、農家同士の利用権の交換に着手した

農地バンク
農地の分散状態を解消し、農地の集積を進めるためのしくみとして、2014年に創設されました。

筆数
土地の数え方。一筆ごとに地番が振られる。

▶ 農地バンクによる農地の集積状況（平成30年〈2018〉度）

農地バンクは、2014年に、農地の分散状態を解消して集積・集約化を進めるために創設されました。

目標は2023年までに担い手のシェアを8割以上にすること。さらなる集積・集約化を推し進めたいと考えています。

●全耕地面積に占める利用面積のシェア

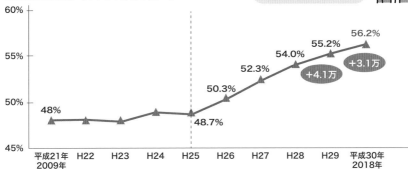

●農地バンクの取扱実績（累積転貸面積）

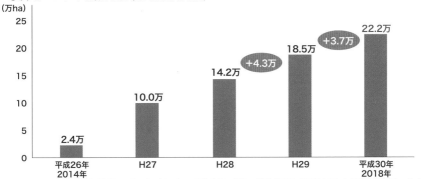

出典）「農地バンクによる担い手への農地集積の状況」（農林水産省／2018年度）を参考に編集部にて作成

こと。推進する組織を農協に設置し、地権者には農業や個々の経営の情勢を伝え、理解してもらい、少しずつ進めてきました。

　さらに、推進する組織の会員が、受託者の農地を定期的に巡回して、管理の状態を把握し、必要に応じて指導する役割を担いました。例えば雑草が生えていて見栄えが悪ければ、草刈りをするよう助言します。そうして、誰が見てもいい田んぼになっているように、会員全体の資質の底上げをはかっていったわけです。これにより地権者からの信頼が高まり、地域のなかで農地が面的にまとまってきました。農地を集積するには、しくみの前に、まずは貸し手や地域社会からの理解を得ることが大事であることを示した好例だといえます。

心理的ハードルが色濃く残る

農地の境界を超える
トランスボーダーファーミング

トランスボーダーファーミングとは、地権者の境界を越えて農作業をすることです。農作業の効率化の手法としてドイツで実践されています。大規模機械化農業で日本の先端を行く北海道で、実証実験が始まりました。

📍 広い畑で大型農機を使って効率的に作業をする

**トランスボーダー
ファーミング**
地権者の境を跨いで
同じものを植え、肥
料を与え、防除し、
収穫するやり方。

圃場
田畑など、農作物を
育てる場所の総称。

枕地
圃場の端で農機を旋
回する場所。

　十勝地方（北海道）の鹿追町で**トランスボーダーファーミング**の導入が議論されています。同町の一部の地域は効率化のため圃場整備をし、大きいものだと20haにもなる広い畑を作ったのですが、一枚の畑に複数の地権者がいるため、枕地で区切って別々に管理しており、期待したほどには能率が上がっていません。

　そこで、広い畑で大型農機を使って生産をすると、どの程度効率的になるかを把握するために、トランスボーダーファーミングの試みを小麦とてん菜で始めました。作業の面積が大きくなれば、防除が小型飛行機であっという間にできるようになるかもしれません。収穫も、巨大な農機を使えば従来からは考えられないようなスピードで終わらせることができそうです。

📍 導入に対する心理的なハードル

**トランスボーダーフ
ァーミングのメリッ
トとデメリット**
メリットには「作業
のスピードが上がる」
「より大型の農機を
導入できる」「農機
の台数やオペレータ
ーの人数が減る」な
どの点が挙げられ
る。一方、デメリッ
トには「自分の畑で
ほかの人が作業をし
て収益が分配される
ため、農家が所有者
に近くなる」「収益
の公平な分配が現
状の収量センサーの
精度だと厳しい」な
ど。

　ただ、農地によって土作りの度合いや土質が違うため、収量に差が出る可能性があります。そこで、収益を公平に分配するために、ハード面での補強が必要になります。幸い、ICTやIoTが農業にも使われるようになった今は、一昔前に比べ、ハード面は整いつつあります。

　しかし、実際の導入にはまだまだ農家側に強い抵抗があります。「省力化できる」「労働力不足に対応できる」といった積極的な意見がある反面、「意欲が低下する」「他人に自分の土地の作業を任せるのは不安」「自分がやりたいようにやりたい」といった消極的な意見も少なくありません。自分が作った農作物だという誇りを農家から奪いかねない、という危惧もあります。「ハードよりもハートの問題」という関係者の言葉が本質を言い当てています。

▶ トランスボーダーファーミングを入れた輪作の模式図

もともと5枚の圃場を、Aさん、Bさん、Cさんの3人がそれぞれ細切れに管理。202X年に合意が成立し、202X＋1年から飼料作物・てん菜・小麦はトランスボーダーファーミングで管理する場合。

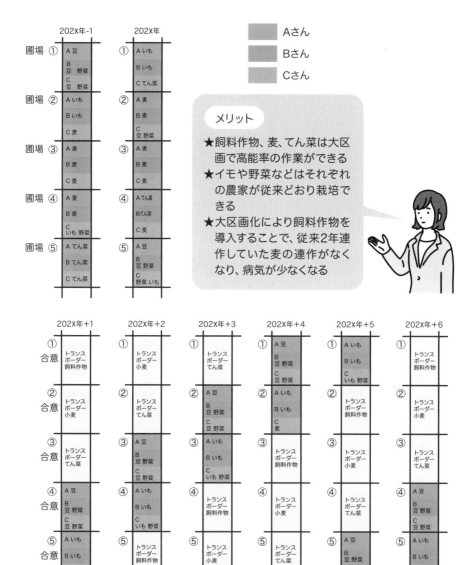

第5章

変革する農業経営

メリット

★飼料作物、麦、てん菜は大区画で高能率の作業ができる
★イモや野菜などはそれぞれの農家が従来どおり栽培できる
★大区画化により飼料作物を導入することで、従来2年連作していた麦の連作がなくなり、病気が少なくなる

出典）農研機構北海道農業研究センター　大規模畑作研究領域　大規模畑作輪作研究グループ辻博之氏の研究を参考に編集部で作成

Chapter5 10

新規就農支援事業は増額すべきか

独立する人材を増やすべきであり、そのために「農業次世代人材投資資金」の予算額をもとに戻すべきである、という主張が見られます。農業という産業にとってこれは正しい方向なのでしょうか。

国内農家が零細である理由

**農業次世代
人材投資資金**
農林水産省が用意した、農業で自営を目指す人材（50歳未満）を支援する事業。

農業大学校
農業経営者を育てる中核機関として全国42道府県に設置されている。

この事業の構成は二本立てとなっています。一本は、就農前に県立農業大学校などで研修する際に最長2年間、年間で最大150万円を交付する「準備型」。もう一本は、その人材が独立して自営するために最長5年間、同額を交付する「経営開始型」。ところが、2018年度には175億円の予算が組まれたものの、2019年度予算では20億円減額されています。

果たして、自営の農家をこれ以上増やすことに産業的な意味があるのでしょうか。国内の農業経営体は120万（2018年時点）です。日本の農地の広さに対して、あまりにも多く、実際、一経営体当たりの耕地面積は2ha程度でしかありません。これはEU全体の約6分の1、英国の約35分の1、ドイツやフランスの約25分の1にすぎません。日本の農家が零細である理由の一端がここにあるといえます。

新規就農より人材確保と育成が急務

圧倒的多数を占める零細な農家の存在は、日本農業の脆弱さの要因となってきました。実際、日本の農業は規模が小さいとよくいわれます。国土が狭小なので仕方ない側面もあるとはいえ、それだけが理由ではありません。多数の零細な農家が残ったため、農業だけで食べていこうとする専業農家は、これまで規模の拡大や農地の集積を思うように進められなかったのです。

これが農業の成長にとって壁となることにいち早く気づいた半世紀前の政治家や学者らは、離農政策に取り掛かろうとしました。しかし、票田が減ることを嫌う人や組織から猛烈に反対され、実現しませんでした。

▶ 49歳以下の新規就農者数の推移

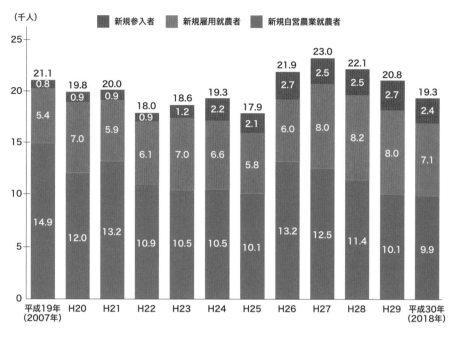

凡例：
■ 新規参入者　■ 新規雇用就農者　■ 新規自営農業就農者

（千人）

	平成19年 (2007年)	H20	H21	H22	H23	H24	H25	H26	H27	H28	H29	平成30年 (2018年)
合計	21.1	19.8	20.0	18.0	18.6	19.3	17.9	21.9	23.0	22.1	20.8	19.3
新規参入者	0.8	0.9	0.9	0.9	1.2	2.2	2.1	2.7	2.5	2.5	2.7	2.4
新規雇用就農者	5.4	7.0	5.9	6.1	7.0	6.6	5.8	6.0	8.0	8.2	8.0	7.1
新規自営農業就農者	14.9	12.0	13.2	10.9	10.5	10.5	10.1	13.2	12.5	11.4	10.1	9.9

平成30年度の新規就農者は前年並み。49歳以下は1万9,290人と7.1%減少しています。

新規就農者には「経営の責任者」だけでなく、平成26年調査からは「共同経営者」を含めています。

出典）「平成30年新規就農者調査」（農林水産省／令和元年8月9日公表）を参考に編集部にて作成

　そうした歴史を踏まえたとき、自営の農家を増やすことは、農業の成長には望ましいことではないことは、はっきりとしています。高齢を理由に大勢の農家がやめていくなかで、あえてその穴を埋めようとする必要はありません。それよりも大事なのは、これからも増え続ける雇用型の農業法人において、多様かつ必要な人材を確保し、育てることです。これに関しては各地でさまざまな取り組みが生まれてきています。

第5章

変革する農業経営

115

Chapter5

11

農福連携

働き手を求めている農業側と働く場所を求めている福祉側との連携、つまり農福連携を促す取り組みが広がってきました。この取り組みの1つの優良事例を紹介し、農業経営における意義を伝えます。

📍 作業の効率を改善

農福連携
農業と福祉を連携させること。2016年6月に閣議決定した「ニッポン一億総活躍プラン」で推進すべき事項として盛り込まれてから話題になっている。ニッポン一億総活躍プランとは、少子高齢化に歯止めをかけて誰もが活躍できる「一億総活躍社会」を実現するための実行計画で、名目GDP600兆円、希望出生率1.8%、介護離職ゼロという目標を設定している。

定植
育苗した苗を、苗床から畑に移し替えること。

水耕栽培
土ではなく、水で植物を育てる方法のこと。レタスやトマト、キュウリ、ミズナなどが向いているとされる。害虫がつきづらく、農薬をほとんど使用しない、安全安心な農法として注目されている。

　2.2haで野菜やコメを作る農業生産法人の京丸園（静岡県浜松市）は、福祉業界と組んで農業経営を展開する**「農福連携」**の先駆者です。健常者48人のほか、22人の障害者を従業員や研修生として受け入れています。

　障害者を雇って大きく変わったのは作業の効率です。直方体の育苗用の培地を同型に穴がくりぬかれた発泡スチロール製の培地にはめ込む、ネギの「定植」を例にとって説明しましょう。これは高い技術が要求されるため、健常者でも慣れないと難しい作業です。そこで同社では、障害者向けに、靴ベラで靴を履くように添えるだけで簡単にはめることができる金属製の下敷きを取り入れました。現在では、健常者の従業員も、この方法を採用しています。

　水耕栽培するミニチンゲンサイの定植も、障害者向けに簡略化しました。通常であれば、水耕栽培のベッドに浮かぶ発砲スチロール製のパレットの穴に、指でつまんだ苗を一本ずつ差し入れるのですが、差し入れる深さが間違っていたり、苗に傾きがあったりすると、うまく生育しません。そこで、パレットの穴と苗を同型にしたところ、パレットの穴の真上で苗を手放せば、適度な位置にはめられるようになりました。障害者はもちろん、初心者もベテランと同じように仕事ができるようになり、年間の収穫回数は10回から17回に増えたといいます。

　もう1つ紹介したいのは、害虫を吸い取るため独自に開発した「虫トレーラー」です。これは栽培ベッドを跨ぐ格好をした運搬車に吸引式の捕虫器を取りつけた器具で、人が手でゆっくりと押し進めると、栽培ベッドにひそむ害虫を吸い取って捕虫器の網の

⟩ 農福連携の方針と目指す方向

農業と福祉の連携（＝農福連携）

【農業・農村の課題】
- ●農業労働力の確保
  ※毎年、新規就農者の2倍の農業従事者が減少
- ●荒廃農地の解消等
  ※佐賀県と同程度の面積が荒廃農地となっている

【福祉（障害者等）の課題】
- ●障害者等の就労先の確保
  ※障害者約964万人のうち雇用施策対象となるのは約377万人、うち雇用（就労）しているのは約94万人
- ●工賃の引き上げ等

障害者が持てる能力を発揮し、それぞれの特性を活かした農業生産活動に参画

【農業・農村のメリット】
- ●農業労働力の確保
- ●農地の維持・拡大
- ●荒廃農地の防止
- ●地域コミュニティの維持　等

労働力の確保

【福祉（障害者等）のメリット】
- ●障害者等の雇用の場の確保
- ●賃金（工賃）向上
- ●生きがい、リハビリ
- ●一般就労のための訓練　等

新たな就労の場の確保

目指す方向

❶
農業生産における障害者等の活躍の場の拡大
障害者等の雇用・就労の場の拡大を通じた農業生産の拡大

❷
農産物等の付加価値の向上
障害の特性に応じた分業体制や、丁寧な作業等の特長を活かした良質な農産物の生産とブランド化の推進

❸
農業を通じた障害者の自立支援
障害者の農業への取り組みによる社会参加意識の向上と工賃（賃金）の上昇を通じた障害者の自立を支援

出典：「農林水産省における農副連携施策」（農林水産省農村振興局都市農村交流課）を参考に編集部にて作成

なかに閉じ込めるしくみです。障害者はゆっくりと丁寧に仕事を推し進める人が多いため、その分だけ害虫も徹底して取り除くことができます。

売上は20年間で約4倍に

一連の農作業は**ユニバーサルデザイン**です。障害者、健常者を問わずに誰もが楽になる設計になっています。だからこそ作業の効率は高まり、結果的に規模は拡大し、そのために売り上げも障害者雇用を始めてから20年ほどで4倍以上になったといいます。

ユニバーサルデザイン
狭義では、オフィスで健常者、障害者を問わず、すべての労働者の使いやすさを重視したプランのこと。ここでは、農業のテクニックに関して述べている。

Chapter5

12

JAが主導する
農家の人材確保

農家数が減り続けるなか、地域によっては繁忙期の助っ人不足が非常に深刻です。特に収穫期に人を集められるかどうかは、農家にとっても産地にとっても死活問題。JAも各地で人材派遣のしくみを構築しています。

◉「みかんアルバイター」と新しい働き方

　愛媛県のJAにしうわ（八幡浜市）は同県産温州みかんの過半を生産する一大産地です。収穫は手作業で行うため、大量の人手が必要となります。かつては周辺地域に労働力が豊富にありましたが、過疎と高齢化の進行で確保が難しくなり、関東や関西といった都市部からのアルバイト募集に力を入れています。

　全国から集った「みかんアルバイター」の働く農家には、万一のケガや病気に備えるため、**労災保険**に加入してもらいます。農家がホームステイを受け入れるのに加え、八幡浜市が廃校を改修して作った宿泊施設をJAで管理・運営し、それでも足りないので、各地域でシェアハウスとして使える物件を用意しています。

　都市部から人を呼ぶ産地が少なくないなかで、JAにしうわに特有なのは、JAふらの（北海道富良野市）、JAおきなわ（那覇市）と広域連携をしたことです。目的は、アルバイトの安定的な確保のため。JAふらのは4〜10月、JAにしうわは11〜12月、JAおきなわは12〜3月が繁忙期に当たり、3つの地域を回れば、1年間切れ目なく働けることに着目しました。ほかのJAにも勧誘に行ったり、アルバイトに次の働き先を紹介したりなどもしています。

　2019年度は管内で381人のみかんアルバイターを受け入れました。人数に働いた日を掛けると1万5,160人役にもなります。2つのJAから紹介を受けてやってきたのは43人で、みかんの収穫を終えてからJAおきなわに移ったアルバイターは25人です。

　新型コロナウイルスの影響下、人材確保の重要性が増しています。技能実習生に頼る農業現場は多く、代替となる人材の確保にJAの果たす役割が期待されます。

労災保険
仕事中や通勤途中に雇用されている人が、けがや病気を負ったり、あるいは死亡したりした場合に保険給付を行う制度。

▶ 農作業アルバイトの全国リレー

JAふらの
（4〜10月）
- メロンの品質管理
- スイカの定植・管理・収穫
- ミニトマトの定植・管理・収穫

JAおきなわ
（12〜3月）
- サトウキビの収穫・製糖

繁忙期が違う3つの地域で期間アルバイトをすることで、農家は繁忙期に人材を確保することができ、働き手も切れ目なく1年中働けます。

JAにしうわ
（11〜12月）
- ミカンの収穫・選果場での選別

管内の各地域で、生産者や関係機関が作った雇用促進協議会がアルバイターを募集します。みかんアルバイターは時給制で、宿泊費と食費が無料となっています。

👉 **ONE POINT**

JA全農おおいた主導の
アルバイト確保が九州全域に拡大

「人がいないのではない。農業の人気がないのではない。ただ、みんなが働ける農業のチャンスがないだけだ」。JA全農おおいたはこう考え、会社員や大学生、主婦といった農外の人まで含めて気軽にアルバイトできるしくみを作りました。1日だけ農業を体験したい人からアルバイト収入を目的とする人、農家になりたい人まで間口を広げ、さまざまな働き方を受け入れます。具体的にはJAでどの農家に何人必要か、作業委託料はいくらか把握し、菜果野アグリ（大分市）に依頼して作業者を募集してもらいます。2015年度にこの取り組みを始め、翌2016年度にはのべ人数が1万人を突破し、2019年度は2万人を超えました。その後、大分、福岡、佐賀の3県に対象を広げ、2020年1月から九州全域の農協組織や企業などと協働しています。

Chapter5
13

拡大するJA出資型法人

地域農業の「最後の担い手」とも言われるJA出資型法人。農協が出資する農業法人のことで、経営面積は右肩上がりを続けています。農家の高齢化と離農に対応し、担い手のない農地を集積する例が少なくありません。

増えるJA出資型法人

農家の高齢化で担い手不足は今後一層、深刻になります。加えて、5章6節で見たように集落営農の設立スピードは落ちていますから、「最後の担い手」とも呼ばれるJA出資型法人が今後も増え続けると予想されます。

地域農業に農協が参入した好例に、JA庄内たがわが9割強を出資したあつみ農地保全組合（以下、保全組合）があります。JAの温海（あつみ）支所管内で増える耕作放棄地（→32ページ参照）を田畑に戻すべく、2014年に設立しました。

1年中収入のある状態へ

このままではいけないという問題意識を、農家はずっともっていました。ただ誰がリーダーになるか、誰が事務処理をするかという2つがネックになり、前に進めない状況でした。そこでJA出資型法人により、農協に料金設定や雇用といった苦手な部分を担ってもらう代わりに、生産という得意分野に集中できるようにしたのです。

まずは耕作放棄地を保全組合で借り、周辺の農家に作業を委託することから始めました。肥料や農薬といった資材は保全組合で用意します。利益率の高い品目を選び、パックライス製造という加工も取り入れて利益を上げています。

最初1.5haだった農地は54haまで増えました。今は耕作放棄地よりも、離農したいから農地を預かってもらえないかという相談が増えています。将来は、地域内の農家が個々に農機をもっている状態から、保全組合で農機を所有し、農家と共有することを想定しています。

JA出資型法人
1993年の農地法改正で農協の農業生産法人への出資が認められて以降増え続け、全国に646ある（2017年時点）。JAグループは、担い手のいない地域での農地管理や、新規就農者の育成などのため、JA出資型法人で営農をサポートする。地域で離農が進み、放出された農地の受け手がいない場合に、農協がJA出資型法人を立ち上げ、地域農業に主体的に参加することが増えている。

▶ JA出資型法人の取り組みのイメージ

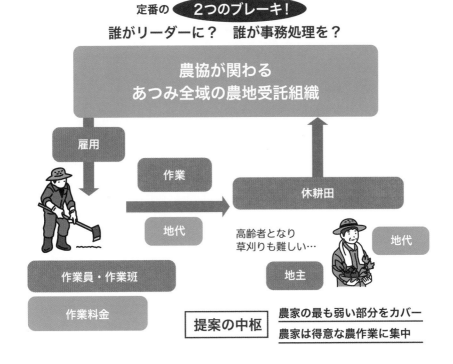

出典）「JA出資型法人による地域ぐるみで中山間地域を守る取り組み」（JA庄内たがわ／佐藤昌幸氏）を参考に編集部にて作成

　特に好評なのが、作業を受託する農家へ、毎月支払いが発生するようにしていること。収穫期にしか収入がないという状態から、年間を通じて収入がある状態にすることができます。

🖒 ONE POINT

あつみ農地保全組合の
立役者

　JAの営農指導員（農業の技術・経営や販売について農家の相談相手になり指導を行う）として法人設立をリードしたのが佐藤昌幸さん。2019年に農協をやめ、保全組合の取締役に就きました。営農指導をする人間として「耕作放棄地が増え、地域農業が衰退するのを見過ごすわけにいかなかった」と言います。解決策を提示し、一緒にやりませんかと農家に呼び掛けたのです。今後の目標は、「若手の農業従事者が、一般企業に近い収入を得られるようになること」と話しています。

稲作を始める米穀店

生産者の高齢化と離農、そして既存の流通ルートの利用減は地方の米穀店の経営を圧迫します。手をこまねいていると、廃業に追い込まれかねません。そんななか、生産に進出する米穀店が出てきました。

下がる米穀店の集荷率

近年は生産地に米穀卸や小売、外食事業者などが直接入り込み、コメを買い付けるようになっています。そのため、米穀店や農協を経由する昔からあるルートに、コメが集まりにくくなっているのです。取引先である生産者が離農し、農地が別の農家にわたった場合、その農地が集荷対象から外れることもしばしば。放っておけば、米穀店の集荷率は下がる一方です。

取引先がいなくなるという危機に、自ら生産に進出する米穀店が出てきました。山形県東根市の丸屋本店（鈴木亮吉社長）は、農業法人・稲2015（いなにまるいちご）を2015年に設立。30ha弱を生産し、100haを目指します。すでに50ha分を処理できる乾燥調製施設を建設しました。地元と香港で炊飯事業を展開してお

り、農業界の川上から川下までカバーしています。

代表自ら30年前から地元の農事組合法人の役員を務めるのが、同県真室川町の真室川米穀です。社長の伊藤順敏さんは2012年、農事組合法人の代表に就任しました。「農家が作った分を売るだけ、扱うだけではダメ。コメについての物語が話せるように、百姓を始めた」と言います。

売り手が生産を担うことのメリット

同県新庄市の柿本商店（柿本吉雄社長）は2019年に5haで生産を始めました。除草剤散布用のホバークラフトの購入を機に作業受託を始めたところ、農家から田んぼごと任せたいという相談が増え、生産への進出を決めました。

米穀店が生産する強みは、少なくありません。出口をもっており、マーケットインの視点で品種や栽培方法を選べることや、農家に営農上のアドバイスがより的確にできるようになることなどです。川中から川上に進出した米穀店の動きから目が離せません。

第6章

国の食糧戦略を示す農政

我々が食べている農畜産物の生産から流通、販売に影響する要素として農業政策があります。国は農業や農村の基本計画をどのように決めているのか。その計画を踏まえた各種の政策は農家が食料を生産するのにどう関与するのか。本章では最近のトピックを中心に紹介します。

Chapter6 01

自給率をめぐって迷走する食料・農業・農村基本計画

農政の根幹をなす食料・農業・農村基本計画が、2020年、5年に一度の改定の時期を迎え、議論されました。食料自給率をめぐり、農林水産省は新たな指標を提案し、採用されました。

食料自給率の問題

食料・農業・農村基本計画
食料・農業・農村基本法に基づき、食料・農業・農村に関し、政府が中長期的に取り組むべき方針を定めたもの。概ね5年ごとに変更するとされている。

食料・農業・農村基本計画（以下、基本計画）は、今後10年間の農業政策の方向を指し示す重要なものです。2020年に入ってその骨子や原案が示される過程で、最も注目を集めたのは食料自給率です。2018年度のカロリーベースの食料自給率は37％で、過去最低を記録しました。基本計画はその向上を謳ってきましたが、実現していません。新たな基本計画でも、2030年度には45％まで引き上げるという方向を維持しています。

新たな指標「食料国産率」

輸入飼料
畜産飼料のうち、濃厚飼料はほとんど輸入に頼っている。4章5節参照。

自給率ですが、いくつもの指標が使われるややこしい事態になりました。まず、自給率にはカロリーベースと生産額ベースがあります。加えて、「食料国産率」（以下、国産率）という新たな指標が加わりました。輸入飼料で育てた畜産物は、自給率にカウントされません。一方、国産率は、輸入飼料で育てた畜産物も国産として含みます。農林水産省は、新指標の導入は畜産業界の努力を反映するためとしています。ただ、食料自給率がなかなか上がらないため、より高い数値になる国産率を設定しているようにも思えます。

また、国産率についてもカロリーベースと生産額ベースの2種類を設けるため、自給率の目標数値が飼料自給率も含めて5つになります。これではわかりにくいですし、自給率の目標設定と達成に、ここまでの労力を割く意味があるのか疑問です。

今後の展望では、2019年に439.7万haだった農地面積を2030年に414万ha確保する、2015年に208万人だった農業就業者数を2030年に140万人にするなどとも掲げています。いずれも、施策を打つことで、今の減少の水準を緩和する方向です。

▶ 食料・農業・農村基本計画おける食料自給率目標

		平成30年	令和12年度
法定目標	供給熱量ベースの総合食料自給率	37%	45%
	生産額ベースの総合食料自給率	66%	75%
	飼料自給率	25%	34%
	供給熱量ベースの食料国産率	46%	53%
	生産額ベース食料国産率	69%	79%

▶ 農地の見通しと確保

令和元年現在の農地面積	439.7万ha
これまでのすう勢(※)が今後も継続した場合の令和12年度の農地面積	392万ha
令和12年時点で確保される農地面積(施策効果あり)	414万ha

農地転用及び、荒廃農地発生が同水準で継続、かつ荒廃農地の発生抑制・再生にかかる施策を講じないと仮定した場合の見込みです。

▶ 農業構造の展望

	農業就業者数	
	全体	うち49歳以下
現状(平成27年)	208万人	35万人
令和12年(すう勢)	131万人	28万人
令和12年(展望)(施策効果あり)	140万人	37万人

出典)「食料・農業・農村基本計画」(農林水産省／令和2年3月)を参考に編集部にて作成

 ONE POINT

日中間の農業・農村政策の温度差

「食料・農業・農村基本計画」は、本来、国の食糧生産の指針となる重要なものです。しかし、世間から注目されているとはいえません。比較対象として中国を例に挙げると、中国共産党中央が毎年年初に出す最初の文書は「1号文件(文書)」と呼ばれ、その年の特に重要な政策決定を示します。この1号文件のテーマを長らく独占しているのが農業です。2004年以来、17年連続で農業あるいは農村の課題解決が取り上げられています。農村と都市の格差が大きく、それを緩和しなければ不平不満がたまって大ごとになりかねないので、国の農業への重視を国民に新年早々からアピールしているのです。ひるがえって日本国内では、達成できたためしのない食料自給率の向上が、いつまでも基本計画の中心であるかのように扱われます。「日本の農業や農村に余裕があるから、そんな議論をしていられる」というわけでもなさそうです。

Chapter6 02

自由市場のないコメ

日本国内には、コメを自由に取引できる市場がありません。そのため、農家ですら、コメの相場を把握するのに苦労しています。公正な価格形成はどうすれば実現できるのでしょうか。

コメの大半は相対取引

コメ農家ですら、「相場を知るいい方法はないだろうか」と悩んでいます。それというのも、国産米には青果のような市場がないからです。集荷業者や全農などと卸売業者らとの相対取引が、かなりの割合を占めます。公開の自由な市場がないということは、透明性が高く公正な価格形成がされているのか疑わしいということでもあります。米価が適切な水準より高いのではないかと、しばしば批判されるのはそのためです。

コメ相場の把握に参考となるのは、JA全農県本部や経済連が提示する概算金や、米穀業界紙が卸や集荷業者などに取材して作る相場情報のコーナー、農林水産省が公表する「米に関するマンスリーレポート」などがあります。加えて、コメ先物取引の価格も有力な情報です。

コメの価格形成の透明化を目指して

コメ先物取引は、江戸時代の1730年、大坂堂島米会所で世界で初めて始まりました。将来のある時点でコメを一定の価格で売買する契約を結ぶしくみです。以来、コメ先物取引は戦前まで続き、一旦廃止され、2011年に72年ぶりに再開されました。

コメ先物取引に期待される役割の最たるものは、コメの価格形成の透明化です。加えて、そのときどきの相場に左右されず、あらかじめ決めた額で取引できるリスクヘッジの機能があります。11年に試験上場として認められてから9年にもなり、本来であれば本上場に切り替えるべきところです。しかし、JAグループや自民党内の反対などにより、本上場への格上げは進まないまま、2019年8月に4度目となる試験上場の延長を農林水産省が

相対取引
取引所、この場合市場などを通さずに、売り手と買い手が直接取引を行うこと。

かつてのコメ取引
財団法人全国米穀取引・価格形成センター（コメ価格センター）という公正なコメの価格形成を目的に作られた場が、主にコメ取引に使われていた。ただ、ここを利用すると、コメの取引価格が公になる。それを嫌った農協組織がコメ価格センターを使わない相対取引に移行したこともあり、取引が激減し、2011年にセンターは解散した。

概算金
コメの販売を委託された農協が、農家に対して支払う前払い金のこと。その後、確定した販売価格や手数料、経費などを鑑みて精算する。

米穀業界紙
「商経アドバイス」「米穀新聞」「米麦日報」など。

コメ先物取引とは

農作物の価格は、本来は天候による作柄の出来不出来や需要などのさまざまな要因で変動します。コメ先物取引は、この価格変動リスクに対する保険のはたらきをもっています。万が一、現物価格が値下がりしても先に決めた値段で売ることができます。ただし、値上がりした場合も、事前に取り決めた値段でしか売れません。

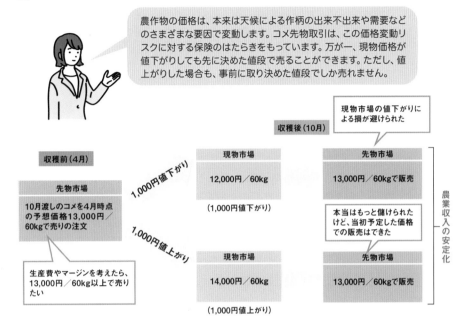

出典）「コメ先物取引のご案内」（大阪堂島商会取引所）を参考に編集部にて作成

コメ先物取引の概要

	秋田こまち17	新潟コシ	東京コメ	宮城ひとめ18
標準品 （取引の基準となる商品）	秋田県産あきたこまち （一等米）	新潟県産コシヒカリ （一等米）	群馬県産あさひの夢 栃木県産あさひの夢 埼玉県産彩のかがやき 千葉県産ふさおとめ 千葉県産ふさこがね	宮城県産ひとめぼれ （一等米）
供用品 （受け渡し時に提供できる商品。標準品に比べて銘柄や質に幅がある）	同 （一等米と二等米）	同 （一等米と二等米）	国内産米 （一等米と二等米）	同 （一等米と二等米）
取引単位 及び 受渡単位	1,020kg （17俵＝紙袋34袋、またはフレキシブルコンテナバッグ1本）※紙袋、フレコン混載可	1,500kg （25俵＝紙袋50袋）	12,000kg （200俵＝紙袋400袋）	1,080kg（18俵＝紙袋36袋またはフレキシブルコンテナバッグ1本） ※紙袋、フレコン混載可
受渡場所	産地指定倉庫		消費地指定倉庫	産地指定倉庫

※いずれもうるちの玄米で、農産物検査法に基づく検査を受けたもの。
東京コメは、実際の取引を見ると、家庭炊飯用の銘柄よりも値ごろ感のある業務用の銘柄の受け渡しが多くなっている。秋田と宮城でよく使われるフレコンのサイズが異なるため、重量は違うが、いずれもフレコン1本になる。

出典）「コメ先物取引のご案内」（大阪堂島商品取引所）を参考に編集部にて作成

認めました。コメ生産、あるいは流通の現場では、一刻も早い上場を望む声があります。

Chapter6
03

野菜価格安定制度は必要か

生産調整の対象はコメだけではありません。畜産に次いで産出額の多い野菜にも、需給を調整し価格を補填するしくみがあります。交付金額が膨らむ昨今、このしくみは本当に必要なのでしょうか。

野菜市場の安定化を目的とした制度

野菜価格安定制度
農畜産業振興機構が野菜出荷安定法に基づき実施する。

野菜価格安定制度は、指定する野菜の価格が著しく落ちた場合、経営への影響を抑えるため、生産者に補給金を支払うなどの緩和策を取るものです。

制度の中核をなすのが「指定野菜価格安定対策事業」です。財源は、生産者、都道府県、国が積み立てた資金です。野菜の平均販売価額が保証基準額を下回った場合、保証基準額と平均販売価額との差額を補てんします。指定野菜に加え、特定野菜があり、こちらも似たような補てんのしくみがあります。

指定野菜と特定野菜
指定野菜のほうがより保障が手厚い（右ページ参照）。

指定野菜は、キャベツ、玉ネギ、秋冬ダイコンなど14品目。特定野菜は35品目あります。小さな産地のものや、指定されていない野菜、指定の卸売市場やJA全農青果センター以外に出した野菜は補償の対象になりません。供給計画を立てて過剰生産をしていない産地には補てん率を高くするしくみや、高騰時に出荷を前倒ししたり、価格低迷時に出荷調整したりするしくみもあります。

制度は公平なのか？

野菜価格安定制度は事業見直し対象にも
民主党政権時の2010年、必要性に疑問符がつき、事業仕分けの対象とされましたが、運用面の一部を改善することで温存された。

野菜価格は、異常気象の影響もあって高騰することが増加。平均価格が上がるため、値下がり時の補てん額が巨額になり、交付金額が膨らんでいます。果たしてこのしくみを維持する必要があるのでしょうか。対象の品目や産地、出荷先まで細かに指定されており、不公平だという批判が長年つきまとっています。

収入保険制度
2019年に始まった自然災害や価格低下による収入減少を補填する仕組み。基準収入の8割以上が補填される。詳細は第6章7節参照。

財務省は2019年、この制度を収入保険制度（→136ページ参照）に一元化してはどうかと提言しました。野菜価格安定制度は、産地の平均販売価格を判断基準にするため、個々の農家の収入が下

▶ 野菜価格安定制度とは

野菜の生産や出荷の安定を目的として、市場価格が低落した際に、補給金を交付するといった制度。野菜価格安定を目的とした対策。

【基本のしくみ】

指定野菜（14品目）
キャベツ、キュウリ、サトイモ、ダイコン、トマト、ナス、ニンジン、ネギ、白菜、ピーマン、レタス、玉ネギ、ばれいしょ、ホウレンソウ

特定野菜（35品目）
アスパラガス、イチゴ、枝マメ、カブ、カボチャ、カリフラワー、甘しょ、グリーンピース、ゴボウ、小松菜、さやいんげん、さやえんどう、春菊、ショウガ、スイカ、スイートコーン、セロリ、そら豆、チンゲン菜、生しいたけ、ニラ、ニンニク、ふき、ブロッコリー、ミズナ、三つ葉、メロン、ヤマイモ、レンコン、ししとう、わけぎ、らっきょう、にがうり、オクラ、みょうが

		特定野菜価格安定対策事業	特定野菜等供給産地育成価格差補給事業
対象野菜		指定野菜　14品目 国民消費生活上重要な野菜	特定野菜　35品目 国民消費生活や地域農業振興の観点から指定野菜に準ずる重要な野菜
産地要件	面積	20ha（露地野菜）	5ha
	出荷割合	2／3	2／3
拠出割合（国：都道府県：生産者）		3：1：1	1：1：1※
平均価格		過去6ヵ年の卸売市場価格を基礎に算出	
保証基準額		平均価格の90%	平均価格の80%
最低基準額		平均価格の60%	平均価格の55%
補てん率		原則90%	80%
対象者		出荷団体、生産者（個人・法人）	出荷団体、生産者（個人・法人）

※特定野菜のうち、アスパラガス、カボチャ、スイートコーン、及びブロッコリーにあっては国：2、都道府県：1、生産者：1
出典：「野菜をめぐる情勢」（農林水産省／令和元年12月）を参考に編集部にて作成

がっていなくても、市場の価格が下がれば補てんされるわけです。一方、収入保険制度は、原則として加入する農家の生産するすべての農産物が対象で、野菜価格安定制度の対象となる野菜も含まれます。自然災害や農産物の価格の低下などで、売上が減少した場合に、その減少分の一部を補てんします。

　なお、収入保険制度に入るには、少なくとも青色申告の実績が必要です。経営管理を適切に行っていないと、いくら補てんすべきか判断できないからです。

制度の交付金額が膨張
新型コロナウイルスの影響で、外食向けの野菜の需要が落ちたのに市場への入荷が増えるなどして、野菜の価格が下落した。農水省は2020年度補正予算に価格下落の影響緩和対策として56億円を追加で盛り込んだ。

Chapter6
04

生乳の特殊な流通と
プール計算

生乳は、毎日生産され、日持ちせず、輸送コストがかさみます。そこで、特殊な集荷、販売、プール計算のしくみを国や農協組織が作り上げました。ポイントは、指定団体制度、用途別取引、プール乳価の３つです。

指定生乳生産者団体を通して乳業メーカーへ販売

「一物多価」という言葉があります。これは１つの商品がさまざまな値段で売られることで、農産物でこれにあてはまる典型例が、コメと生乳です。生乳は、牛乳やチーズ、生クリームなどの用途別にそれぞれ乳価があります。

牛乳用が最も高く、生クリーム用がそれに次ぎ、チーズやバター用は安くなります。牛乳は日持ちしないため輸入が難しく、海外との価格競争がないので高いのです。生乳は基本的に、全国に10存在する指定生乳生産者団体（以下、指定団体）が地域の農家から集め、乳業メーカーに販売します。

独特なプール乳価

指定団体では、複数の農家の生乳を混ぜたうえで、さまざまな用途に振り分けます。このとき、指定団体から農家に払われるのがプール乳価（総合乳価）です。名前の通り、プール計算によって支払われる額が決まるので、同じブロックの酪農家に払われる単価は、基本的に同じになります。

指定団体が生乳の流通を独占するしくみは、かつて国の後押しで作られました。一方で、国は近年、規制改革の対象に生乳の流通の自由化を挙げています。2018年、それまで指定団体に出荷する農家しか受け取れなかった乳製品の原料乳への補給金を、生乳を集荷・販売するMMJ（群馬県伊勢崎市）などの事業者に出荷しても受け取れるよう、制度を改めました。ただし、効力は北海道のみに限定されそうです。理由は、消費地から遠い北海道で乳製品の割合が高いのに対し、都府県は牛乳用が主だからです。

生乳の流通をめぐる改革は始まったばかりです。

生乳の指定団体
最も有名なのは北海道のホクレンで、ほかもいずれも農協系の組織。農家が乳業メーカーに直接販売することも可能だが、生乳の９割以上は指定団体を通じて流通する。

プール乳価
まず、用途別の乳代を合わせて平均し、生乳の重量当たりの取引価格をそれぞれの取扱量を勘案したうえで加重平均を割り出す。ここからさらに集送乳の経費や手数料を控除し、生産者補給金などを加算したもの。

生産者補給金
高い牛乳向け乳価と安い乳製品向け乳価の差を埋め、酪農経営を安定させる目的で支払われる。

プール計算
お金を一カ所にまとめて、共通する出資に使用することを前提とした計算方法のこと。

▶ 生乳を原材料とした製品の割合

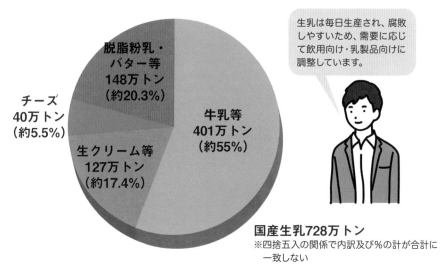

脱脂粉乳・バター等 148万トン（約20.3%）

チーズ 40万トン（約5.5%）

生クリーム等 127万トン（約17.4%）

牛乳等 401万トン（約55%）

生乳は毎日生産され、腐敗しやすいため、需要に応じて飲用向け・乳製品向けに調整しています。

国産生乳728万トン
※四捨五入の関係で内訳及び%の計が合計に一致しない

出典）「畜産・酪農をめぐる情勢」（農林水産省／令和2年3月）を参考に編集部にて作成

▶ 全国の指定団体

改正畜産経営安定法に基づいて、全国で10団体が指定されています。

ホクレン農業協同組合連合会

北海道

東北生乳販売農業協同組合連合会

青森県、岩手県、宮城県、秋田県、山形県、福島県

北陸酪農業協同組合連合会

新潟県、富山県、石川県、福井県

関東生乳販売農業協同組合連合会

茨城県、栃木県、群馬県、埼玉県、千葉県、東京都、神奈川県、山梨県、静岡県

東海酪農業協同組合連合会

岐阜県、愛知県、三重県、長野県

近畿生乳販売農業協同組合連合会

滋賀県、京都府、大阪府、兵庫県、奈良県、和歌山県

四国生乳販売農業協同組合連合会

徳島県、香川県、愛媛県、高知県

沖縄県酪農農業協同組合

沖縄県

九州生乳販売農業協同組合連合会

福岡県、佐賀県、長崎県、熊本県、大分県、宮崎県、鹿児島県

中国生乳販売農業協同組合連合会

鳥取県、島根県、岡山県、広島県、山口県

出典）「畜産をめぐる情勢」（農林水産省／平成30年12月）を参考に編集部にて作成

Chapter6 05

指定団体による
生乳の需給調整

生乳は、腐敗しやすく貯蔵に不向きなため、供給過剰になると乳価が一気に下がり、酪農経営を直撃する危険があります。この生乳の需給調整を担うのは、国ではなく指定団体です。

強力な組織の誕生を目指して

需要の増減に合わせて生産量を調整することが難しく、貯蔵に限界がある生乳は、乳業メーカーとの交渉のうえで、どうしても生産者が不利になりやすいといえます。そこで国は、生産者が小規模な団体を作ってメーカーと取引する従来のあり方を改め、より広域をカバーする強力な組織を作ろうと考えました。

こうして1966年、加工原料乳生産者補給金等暫定措置法により生まれたのが、指定団体制度です。同法は「一元集荷、多元販売」を掲げ、指定団体が農家から一元的に集荷し、多数の乳業メーカーに販売することで、交渉力の強化を狙いました。

指定団体の重要な役割の1つに、変動する生乳の生産量や用途別の需要に機動的に対応し、需給を調整することがあります。この需給の状況は行政にも報告します。

生乳の流通制度を考える

2015年、バター不足を契機に、生乳の流通制度が国の規制改革会議で取り上げられ、生乳の流通自由化の必要性が強調されました。しかし、これを受けて2018年に施行された改正畜産経営安定法は、指定団体制度を微修正したにすぎません。

国は指定団体のスリム化、効率化、乳価交渉の強化をはかってその機能を適正に発揮させる、農家が指定団体以外の販路を自由に使えるよう後押しする、需給の調整に国が責任をもつ——と掲げています。しかし、指定団体の機能強化と、それ以外の業者のシェア拡大は相反することです。また、国の財政負担を減らすため、需給調整への介入をやめたという過去の経緯からしても、実現性には疑問符がつきます。

加工原料乳生産者補給金等暫定措置法
不払い法。1966年の施行に伴い、全国47都道府県に指定団体が設立された。その後、現在の10団体制に移行。改正畜産経営安定法に伴い、廃止。

改正畜産経営安定法
品薄になりがちな乳製品に生乳を振り向けやすい環境を整備するため、2017年に畜産経営の安定化を目的とする畜産経営安定法を改正して成立。暫定法であった不払い法に定める生産者補給金などの措置を恒久化。生産者補給金の交付対象を拡大するなどした。

国の介入
乳価が下がった場合の過剰分の買い入れや市場からの隔離に国が介入していた。のちに財政負担に耐え切れなくなり、ストップ。過剰在庫を負う乳業メーカーに対し、金利や保管経費の補助制度も作ったが、機能しなくなり廃止。こうして、需給調整は指定団体に委ねられることになった。

生乳の流通ルート

9割以上は指定団体を通じて流通する。

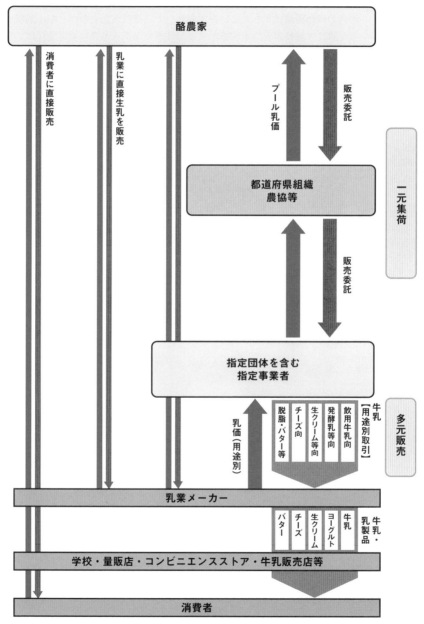

出典）「牛乳・乳製品をめぐる状況」（農林水産省／平成28年6月）を参考に編集部にて作成

Chapter6 06
採卵養鶏の生産調整が 大規模化に果たした役割

国内の採卵養鶏はすさまじいまでの勢いで規模拡大しました。中小規模の業者が減り大規模業者に集約されるというドラスティックな構造変化は、生産調整の意図しなかった副産物です。

採卵養鶏における生産調整

国主導の生産調整はしばしば農業現場を混乱させました。採卵養鶏も大変な影響を受けました。コメの生産調整が始まった1970年から遅れること4年、1974年に、供給超過に陥っていた採卵養鶏でも本格的に生産調整が始まりました。

供給過剰になったのは、1960年代にケージを使った多数羽の飼養が可能になり、既存の養鶏農家が規模拡大したり、企業的な養鶏がなされたりするようになったからです。卵の価格が下がり、経営不振に陥る業者が増えたため、一定規模以上の養鶏業者の増羽を制限し、無断で増羽した場合は農林水産省の補助や融資が受けられなくなり、鶏卵の価格安定基金に加入できなくなるという生産調整がなされました。ペナルティーを科したのです。

生産調整制度の置き土産

生産調整の影響をまともに受けたのは、増羽の意欲の高い企業経営ではなく、中小業者でした。というのも、大手企業は資金力があり、補助や融資、基金の給付が受けられなくても、経営が成り立つところが多かったからです。

鶏卵は生産コストが上昇基調にありますが、売価がなかなか上がらず、規模拡大によるコストの圧縮で勝負することが主流になっています。つまり、増羽しないとますます経営が厳しくなるという負のスパイラルに陥るわけで、生産調整を守った結果廃業せざるを得なくなる、という皮肉な事態を生みました。

この生産調整は実効性に欠けたうえ、最後は独占禁止法違反の疑いが出て2004年に廃止されました。農業のなかでも際立つ採卵養鶏の大規模化は、その置き土産なのです。

制度の通達と本格的な運用
1972年、当時の農林省は「鶏卵の生産調整について」という通達を出し、生産調整のための指導を始めた。さらに1974年、「鶏卵の生産調整強化について」という通達を出し、制度の本格的な運用が始まる。

鶏卵生産者経営安定対策事業
くわしくは第3章10節参照。2004年まで続いた生産調整とは異なる。

1戸当たりの成鶏めす飼養羽数
1963年には23.7羽だったのが、2019年は約6万6,900羽に達した。

鶏卵の価格安定基金
公的な「全国鶏卵価格安定基金」と商社系の「全日本卵価安定基金」の2つがあった。2012年に合併し、一般社団法人日本養鶏協会に業務が引き継がれた。

採卵鶏の飼養戸数・羽数の推移

飼養戸数は、近年、小規模層を中心に、年率4～6％の割合で減少し続けています。一方、成鶏（産卵するまでに成長したニワトリ）めす飼養羽数は減少傾向にありましたが、平成26年以降は増加傾向に転じています。

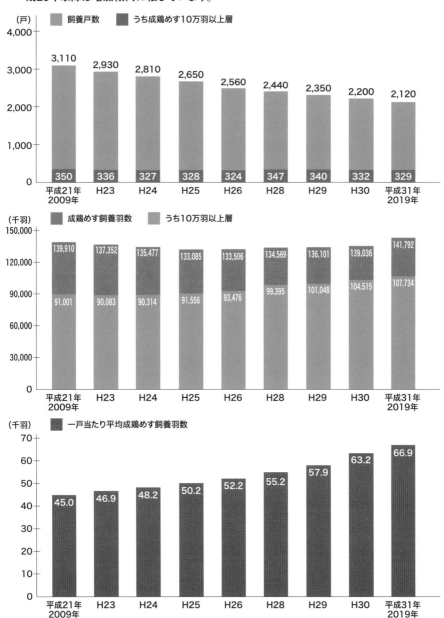

出典：「畜産統計」（農林水産省／平成21年から平成31年）を参考に編集部にて作成

135

Chapter6
07

農家のセーフティネット

農業者を、不作や自然災害、相場の下落といったリスクから守るセーフティネットには、収入保険制度や農業共済などがあり、それぞれカバーするリスクと対象者が異なります。

農業共済とはどういう制度か

農業共済
農家が掛け金を出し合ってつくる。災害の発生などから経営を守る、農家の相互扶助が基本となっている。

農作物共済
対象は、水稲、陸稲、麦。共済事故、つまり自然災害や火災のほか、病虫害、鳥獣害などによって減収した際、共済金が支払われる。

収入保険制度
農家の経営努力だけでは避けられない自然災害や農作物の価格低下などで、収入が減ってしまった際に、その一部を補償するもの。基本的にすべての農作物を対象とする。補償対象が幅広く、新型コロナウイルスの感染拡大防止対策の影響により、農産物の販売収入が減少した場合も補償の対象となる。

農業保険
保険料の一部を国が補助する農業の公的な保険。

農業共済は、コメや畑作物、果樹、家畜、農業用ハウスなどが自然災害で受けた損失を補償する制度です。加入率は水稲92％、麦98％、乳用牛92％など、軒並み高い数字です（いずれも2018年産）。生産物の損失を補償するものと、園芸施設や農機などを対象とするものがあり、すべての農家が加入できます。農家が掛金を出し合い共同財産を積み立て、災害時に共済金を受け取るものです。共済事業ごとに、対象の品目に制限があり、産地によって品目が限られます。稲と麦を対象とする農作物共済は、これまで「当然加入制」といって、一定規模以上の農家に加入を義務づけていました。ただし、収入保険制度の導入もあって、2019年度からは任意加入に移行しました。

収入保険制度と特徴

収入保険制度は2019年に始まったばかりの制度です。青色申告をしている農家が対象で、原則すべての農産物の収入減少を広くカバーします。収入減少の理由は自然災害に限らず、価格の低下、作業者のケガや病気、取引先の倒産、盗難なども含まれます。過去5年間の収入の平均値を基準収入とし、収入が基準収入の9割を下回った場合に、下回った額の最大9割を補てんします。保険料率、つまり掛け金率は1.08％です。

農業保険関連全体の見直しを

収入保険は幅広いリスクに対応できるとして、鳴り物入りで始まりました。しかし、加入目標として掲げた10万経営体にはるかに及ばず、2019年に加入したのは2万2,812経営体という惨憺

基本のタイプの補てん方式〈収入保険における補償限度額と支払率〉

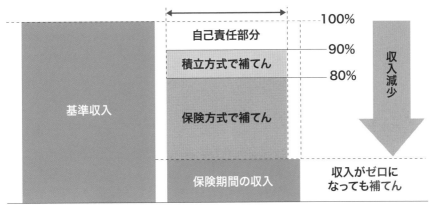

（※5年以上の青色申告実績がある者の場合）

支払い率（9割を上限として選択）

- 100%
- 自己責任部分
- 90%
- 積立方式で補てん
- 80%
- 保険方式で補てん

基準収入

収入減少

保険期間の収入

収入がゼロになっても補てん

出典）「収入保険について」（農林水産省／令和2年4月）を参考に編集部にて作成

基準収入は、過去5年間の平均収入を基本に、規模拡大など、保険期間の営農計画も考慮して設定されます。

たる状況です。農業共済や収入減少影響緩和交付金（ナラシ対策）、野菜価格安定制度など、国費が投入されている類似制度と重複して加入することはできないのも、その要因の1つでしょう。このため様子見する農家が多いとされています。

　特に水田での栽培が多いコメ、麦、大豆はナラシ対策の対象で、わざわざ収入保険に加入しなくていいと判断する人も多いようです。ちなみに農業共済は、ナラシ対策と併用できます。収入保険の加入が低調だったのを受け、2020年1月から掛け金が安いタイプの保険も出しました。

　「野菜価格安定制度は必要か」（第6章3節参照）で指摘したように、財務省はさまざまな収入補てんのしくみを収入保険に一本化してはどうかと提案しています。類似した制度がいくつもあり、見直しは当然の流れです。新型コロナウイルスの影響で減収する農家は少なくなく、これを補償する農業保険は収入保険のみです。一部の農家から、収入保険の掛け金を引き下げるといった、より使いやすい制度への転換を求める声があがっています。

収入減少影響緩和交付金（ナラシ対策）

コメ、麦、大豆、てん菜などを対象に価格低下などによる収入の減少を補てんするための保険。農家は加入時に標準収入の10%下落まで対応できるコースか、20%まで対応できるコースかのいずれかを選択し、そのコースに応じた積立金を拠出する。

Chapter6 08

ゆがむ統計

統計は、問題の所在を把握し、対策を打つうえで非常に重要なものです。ところが、農業に関する統計には、結果が実態と乖離していると指摘されるものがあります。

作況指数はふるい目サイズの見直しへ

作況指数
毎年農林水産省が行う「水稲収穫量調査」に基づき、平年の収量を100とした場合のその年の収量を示したもの。

　最もよく聞くのが、作況指数です。作況指数が正確であれば、コメの相場の形成に影響する有力な情報となります。ただ、「実態と違う」「高すぎる」など、農家のみならず地方自治体からすら苦言を呈されることがあります。

　理由としてよく指摘されるのは、調査で使うふるいの目が、現場でよく使われるふるいの目（1.85～1.9ミリ）よりも細かくなりがちなこと。このため、ふるいによる選別で除外されるはずのものが、調査では含まれてしまいます。農林水産省は2020年産以降、県ごとに過去5年でもっともよく使われたふるい目を採用し、3年間は固定し、3年ごとに見直すと決めました。

あまりに高い達成数に疑問

家畜排せつ物法
正式名称は、家畜排せつ物の管理の適正化及び利用の促進に関する法律。国が定めた排せつ物の管理基準を順守させ、排せつ物の活用を推進する目的で成立。一定規模以上の農家は管理基準を順守しなければならない。管理基準の適用対象外は、ウシまたはウマで10頭未満、ブタ100頭未満、ニワトリ2,000羽未満の農家。

　もう1つ、正確性を欠くのではないかと専門家が指摘する統計に、畜産による環境問題に関するものがあります。畜舎からは大量の家畜糞尿が出ます。周囲の環境を汚染しないよう対策を講じる目的で、1999年に家畜排せつ物法が成立しました。同法には施行状況調査があり、農林水産省が都道府県からの報告を取りまとめ、公表します。管理施設の構造設備に関する基準への対応状況を調べているのですが、管理基準が適用される農家4万5,862戸のうち、不適合は6戸と、わずか0.01％しかありません（2017年12月1日時点）。

　つまり、99.99％が環境基準に対応した糞尿の浄化や堆肥化の設備を備えていることになるのです。一部の専門家は、現場の実態と違うと指摘しています。適切な政策を立てるには、正しい統計に基づく現状把握が欠かせません。

▶ 作況指数の求め方

作況指数は当年の10aあたりの平年収量に対する10aあたりの予想収量の比率で、コメの作柄の、良否を表す指標となります。

$$作況指数 = \frac{10a当たり（予想）収量}{10a当たり平年収量} \times 100$$

作況指数の公表は、9月下旬、10月下旬及び12月上旬で、西南暖地の早期のみ8月下旬となっています。

作況指数の算出に用いるふるい目幅

北海道、東北、北陸：1.85mm
関東・東山、東海、近畿、中国、九州：1.80mm
四国、沖縄：1.75mm

※平成26年度産までは全国統一で1.70mmのふるい目幅を使用

出典）「水稲収穫量調査の仕組み」（農林水産省 統計部）を参考に編集部にて作成

▶ 家畜排せつ物法施行状況調査結果（平成29年12月1日時点）

← 畜産農家76,350戸 →

| 管理基準対象農家　45,862戸（60.1%） | 管理基準対象外農家　30,488戸（39.9%） |

| 恒久的設備で対応　41,619戸（90.7%） |

簡易対応
2,552戸（5.6%）

圃場への直接散布、周年放牧、
処理委託、下水道利用など
1,685戸（3.7%）

構造設備基準適合農家
45,856戸（99.99%）

構造設備基準不適合農家
6戸（0.01%）

出典）「畜産環境をめぐる情勢」（農林水産省／令和元年11月）を参考に編集部にて作成

Chapter6 09

種子法廃止と民間育種

2018年に廃止され、その是非について今も議論が尽きない主要農産物種子法（以下種子法）。廃止の目的である、民間による育種を促進する方策について考えてみましょう。

かつて民間の育種を阻害していた法律

　種子法とは、戦後の食糧難を背景に、稲、麦、大豆の優良な種子の生産と普及を促す目的で1952年に誕生した法律です。廃止に至った理由は主に2つで、1つは食糧難がとっくに解消されてその役目が終わったこと。そしてもう1つは、民間の育種を阻害しているとみなされたことです。

　同法は都道府県に対し、優良な品種（奨励品種）を決定する試験やその原原種や原種の生産を後押しするものの、品種を開発する育種までは対象にしていませんでした。ただ、穀物の育種は都道府県が実質的に独占してきたため、普及するのは必然的にその自治体が育成した品種だけといっていい状況です。

原原種と原種
原種を取るためにまくのが原原種。原種とは栽培用の種子を取るためにまく種子。

民間企業と公的企業が同じ土俵に立てる法律

　その弊害は、昨今の農業経営の大規模化で顕著に現れます。自治体が用意する奨励品種は限られていて、農家にとっては選択肢が少ないのです。経営規模が大きいなら、早生から晩生まで多くの品種をそろえることで作付時期を分散し、適期に作業ができるようにしたいと望んでいます。このため大規模農家は自治体に奨励品種を増やすよう要望するものの、財政的な理由から対応が進みません。そこで種子法を廃止して、育種で民間企業が公的機関と同じ土俵に立てるようにしたのです。

小麦の拠出金制度をヒントにした体制づくりを

　では、それが想定通りになるかといえば、あやしいと言わざるを得ません。最大の理由は、概して都府県では、稲を除いて麦と大豆は栽培面積が小さいため、民間企業は育種にかかる莫大な費

▶ 主要農作物種子法（平成30年〈2018年〉4月1日廃止）の概要

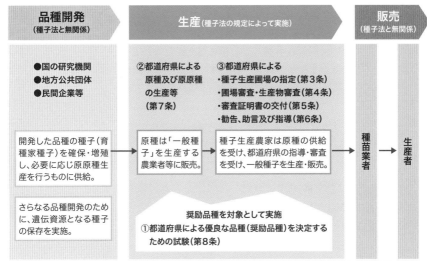

出典）「主要農作物種子法（平成30年4月1日廃止）の概要」（農林水産省）を参考に編集部にて作成

一般種子は種苗業者によって販売され、生産者は収穫物を生産します。

用を回収できないからです。

　このため、別にしくみを考える必要があります。ヒントになるのは北海道のJAグループが運用している小麦の生産や流通、販売に関する拠出金制度です。この事業の目的は良質な麦の生産体制やその安定的な供給と販売、円滑な流通体制の整備の実現などにあります。これらの実現に向けた財源を確保するため、JA系統だけではなく、系統以外の商系の集荷業者や農家から出荷や直売した量に応じて一定額を拠出してもらっています。

　この制度の特徴は、拠出金の財源をエンドポイント、つまり出荷した額に置いていること。農家が収量や品質を上げて儲けられたのは、この制度で開発した品種のおかげです。それならば、その収益の一部を次の品種開発に使わせてください、というわけです。

　このモデルを踏まえた育種の体制作りが北海道以外で動いているという話も漏れ聞こえます。事実であれば、その実現を期待したいところです。

Chapter6
10

改正農薬取締法

昆虫や鳥を含む生態系に影響を与えかねないとされる農薬への規制が、欧米で厳しくなっています。日本でも農薬取締法が改正され、使用者や動植物に対する影響への評価が厳しくなっています。

農薬の再評価制度スタート

農薬取締法は、農薬の品質、流通、使用の適正化を目的に、規格や製造から販売、使用に至るまでの規制を定めています。安全性の確保、国際標準との調和、最新の科学的な知見を踏まえた合理的な判断の必要から、2018年に改正農薬取締法が成立しました。欧米で消費者から農業の安全性への要求が高まっていることが、日本の法改正に影響したのです。

柱の1つは、2021年に運用が始まる再評価制度です。農薬の有効成分について、15年ごとに最新の科学的知見に照らして再評価します。発売当初に安全だと謳われた農薬でも、後になって人体や環境への悪影響が判明するものがあるからです。

難しい安全性への評価

これまでは、3年ごとに農薬の再登録をしていましたが、実質的な審査にはなっていないと指摘されていました。つまり、再評価制度を始めることで、農薬メーカーにとっては、安全性の評価のための手続きや試験が増えることになります。

もう1つの柱が農薬の登録審査の見直しです。使用者や動植物への影響評価を充実させます。

欧米では、農薬への規制を求める消費者からの要求が高まっています。特に議論や規制の対象になっている農薬に、ネオニコチノイド系農薬と、グリホサートを主成分とする除草剤があります。難しいのは、農薬の安全性についての研究結果が、科学者の立場によっても大きく異なることです。

農林水産省は実際の圃場での使用状況に近い科学的データに基づいて判断するとしています。

有効成分
医薬品、医薬部外品、化粧品、農薬などに含まれる生理活性を示す物質のこと。生理活性とは人間を含む生物に何らかの作用を示し、身体部位などのはたらきを調整する役割をもつ物質を指す。

再登録
メーカーに販売の継続をするか意思確認する意味合いが強く、自動車運転免許の自動延長にもたとえられた。

ネオニコチノイド系農薬
ニコチンに似た化学構造をもつ薬剤の総称。殺虫剤として使われる。巣からミツバチの働き蜂が失踪してしまう原因ではないかとして、EUで一部の使用が規制されている。

グリホサート
除草剤・ラウンドアップの主原料。製造元である農薬大手が、発がん性が疑われるとして訴訟を起こされている。

▶ 改正農薬取締法の概要

背景

●農薬の安全性の向上
科学の発展により蓄積される、農薬の安全性に関する新たな知見や評価法の発達を効率的かつ的確に反映できる農薬登録制度への改善が必要。

●より効率的な農業への貢献
良質かつ低廉な農薬の供給等により、より効率的で低コストな農業に貢献するため、農薬にかかる規制の合理化が必要。
※なお、農業競争力強化支援法においても、農薬にかかる規制を、安全性の向上、国際的な基準との調和、最新の科学的根拠に基づく規制の合理化、の観点から見直すこととされている。

国民にとっては「農薬の安全性の一層の向上」、農家にとっては「農作業の安全性向上、生産コストの引き下げ、農作物の輸出促進」になることを目指しています。

法律の概要

1 再評価制度の導入
同一の有効成分を含む農薬について、一括して定期的に、最新の科学的根拠に照らして安全性等の再評価を行う。また、農薬製造者から毎年報告を求めること等で、必要な場合には随時登録の見直しを行い、農薬の安全性の一層の向上をはかる。なお、現行の再登録は廃止する。

2 農薬の登録審査の見直し
（1）農薬の安全性に関する審査の充実
①農薬使用者に対する影響評価の充実
②動植物に対する影響評価の充実
③農薬原体（農薬の主たる原料）が含有する成分（有効成分及び不純物）の評価の導入
（2）ジェネリック農薬の申請の簡素化
ジェネリック農薬の登録申請において、先発農薬と農薬原体の成分・安全性が同等であれば提出すべき試験データの一部を免除できることとする。

日本発の農薬を海外へ展開・進出させることも目的です。

出典）「農薬取締法の一部を改正する法律の概要」（農水省消費・安全局農産安全管理課農薬対策室）を参考に編集部にて作成

都市農業の価値と2022年問題

知られざる都市農地の価値

「都市農業」とは、市街地及びその周辺の地域において行われる農業（都市農業振興基本法第二条）のこと。

都市農地が得意なのは「軟弱野菜」です。流通の過程で傷みやすいことから、都市部に近い場所で作ることが優位となるからです。都市における農地の価値は、農作物の生産のほかに、少ないながらも緑の空間が景観に彩を与え、眺めるだけで人の気持ちをほっとさせてくれることにもあります。それはほかの生き物も同じ。辺りを河川が流れ、植物が育つ農地という空間は、鳥や虫などの生き物をはぐくみます。

防災機能も無視できません。農地は災害時に延焼の恐れがなく、地震の際には避難場所になります。そこで炊き出しをしたり、水や食料などの生活物資を供給したりできるのです。総じて都市に農地があることは、安心と豊かさの証であるといえるでしょう。都市住民が農作業できる場として市民農園も開かれています。

都市農地の「2022年問題」は実際に起きるのか

そんな都市農地の存続を脅かすとされるのが「2022年問題」。2022年をきっかけに東京ドーム2,200個分に相当する生産緑地が一斉に不動産市場に放出されるというのです。生産緑地とは税制面で宅地並みではなく一般の農地と同じ扱いをされる農地のこと。生産緑地法に基づき指定を受ければ、農業以外に利用できなくなることを条件に、30年間はその優遇措置を受けられます。この優遇措置が失効するのは2022年。以後は農地とは100倍ほど違う宅地並みの固定資産税がかかるため、農家が一斉に宅地に転用すると予想されてきました。

ただ、この噂がささやかれた後に事態が変わりました。2017年の改正生産緑地法で特定生産緑地指定制度が創設され、優遇措置が10年延長されたのです。10年経過後に再指定されれば、優遇措置はさらに10年間継続されます。これにより「2022年問題」は発生しないという見方が強くなっています。

第 **7** 章

流通の変化と展望

卸売市場を経由しない中抜き、B to C といった新たな流通が活況を呈しています。農家に消費者の声が届かない状況を改善しようと、卸売市場からも、小売店や消費者と農家をつなぐ試みが出てきました。制度変更も含めた流通の最新動向を解説します。

食品の流通ルート

生鮮食品では、卸売市場の経由率は低下傾向にあります。これまでは、大量に入ってくる生鮮物を分配する機能が重視されがちでしたが、市場の側から需要を作る動きが出てきました。

卸売市場と仲卸業者

生鮮食品の流通ルートは、卸売市場を経由するのがオーソドックスです。卸売市場の役割は、大量の生鮮物を受け取り、速やかに分配して各地に届けること。集荷については、生産者が生産物を直接卸売市場に持ち込んだり、JAなどの出荷団体や産地仲買人に販売し、そこから市場に持ち込んだりします。卸売市場でこれを買い取るのが**卸売業者**です。

卸売業者のもとに買い付けに来るのは、市場内に店舗をもち、小売業者や飲食店などの買出人に売る**仲卸業者**。そして、仲卸業者と同様、卸売業者から直接買いつける資格をもつ小売店やスーパーマーケットなどの**売買参加者**です。買出人や売買参加者を通じて、商品が小売店や量販店に並んだり、あるいは飲食店で提供されたりして、最終的に消費者に届きます。

新たな需要の創出へ

青果や鮮魚、花きは、市場経由率が5割以上あり、比較的高いですが、卸売市場を経由する割合は全体で右肩下がりを続けています。人口減少も影響し、市場の取扱金額は、1990年前後にピークとなった後は減少傾向に転じ、近年は横ばいの傾向です。また、「卸売業者」「仲卸業者」「卸売市場」の数は、いずれも右肩下がりです。卸売市場の経由率は、2016年度に青果で56.7%、花きで75.6%、水産で52.0%、食肉で8.6%で、ここ数年は多くの分野で横ばいとなっています。

卸売市場の運営では、出荷されたものをさばくことが重視されがちでした。ですが、経由率の低下や取扱金額の減少に直面し、市場や業者のなかには需要の創出に挑むところもあります。

卸売業者
卸売市場で、出荷者から生鮮食料品などの販売委託を受け、仲卸業者などに販売する業者。「大卸（おおおろし）」とも呼ばれる。

仲卸業者
卸売業者から生鮮食料品などを買い、卸売市場内に構えた店舗で小売店や飲食店などに販売する業者。

地方卸売市場
都道府県知事の認可で設置・運営される卸売市場。農林水産大臣から認可を受けている。規制の多い中央卸売市場に比べ、より柔軟に運営ができる。

生鮮食品の卸売市場を通さないルート
食肉は卸売業者、食肉加工メーカー、商社などが市場を通さずに取引するケースが多く、鶏卵は卵の選別包装施設であるGPセンターに出荷され、全農や問屋を経由して流通する。

▶ 卸売市場の経由率（重量ベース・推計）

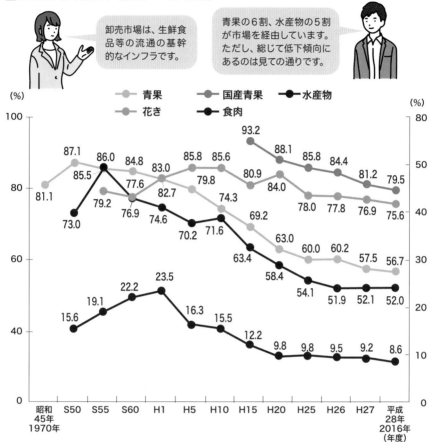

出典：「卸売市場をめぐる情勢について　食料産業局」（農林水産省／令和元年8月）を参考に編集部にて作成

👉 ONE POINT

地方卸売市場の需要創出へのチャレンジ

湘南藤沢市場（神奈川県藤沢市）は、もともと藤沢市が管理していましたが、赤字がかさんだため民営化し、現在では横浜丸中ホールディングスが管理・運営しています。民営化を機に、配送棟や食品流通棟、生鮮棟の新築など設備投資を次々に行った結果、運送会社や物流大手、スーパーマーケットが、市場の敷地内に物流関連施設を設けました。そして、近隣の農家が出荷する野菜を「湘南野菜」という独自のブランドで販売し、新しい需要も創出しています。黒字に転換したのはもちろん、取扱金額を大きく伸ばしました。

Chapter7 02

ネット販売やオーナー制度

卸売市場を通さない流通ルートが新しく誕生しています。ネット通販、オーナー制度、地域支援型農業、私募債など、形はさまざまですが、農家と消費者が直接結びつくルートです。

売値を農家が決められる注目のスタイル

CSA
地域支援型農業。
Community Supported
Agriculture の略

CSAの発祥
1970年代以降に日本で広まった「産消連携」に近く、CSAの発祥は日本だとする見方もある。

私募債
証券会社を通じて広く一般に募集される公募債と違い、少数の投資家が直接引受ける社債。中小企業の資金調達に適している。

私募債の例
有限会社ピーチ専科ヤマシタ（山梨市）は、桃の木を植えてから経済樹齢、つまり得られる販売収入が栽培に要する支出を上回る期間になるまでの5、6年の収入確保に、私募債を集めた。金利をゼロにする代わりに、出資者には毎年桃や加工品を贈っている。

農家と消費者が直接結びつく「直売」が、今、注目を集めています。その方法はさまざまあり、単なる売買契約を超えた"ファン"を生み出すこともあり得ます。

直売のメリットは、売値を農家が決められること。市場出荷より高く設定しても、消費者が納得すれば成立します。送料の負担先、発送や出品にかかる手間、といった問題は残りますが、仮に手数料が必要になることがあっても、卸売市場の中抜きがないぶん、手取りも増える可能性があります。

直売の例をいくつか、紹介します。まずは、ネット通販です。直売の場として長年使われてきた通販サイトもあれば、農家と消費者を結ぶプラットフォームを目指す新しいサービスもあります。デメリットとしては出品作物がかたよったり、単なる安売り競争に巻き込まれてしまったりすることです。

生産物の売買を超えた農家と消費者の直接取引

オーナー制度とは、消費者から出資を募り、一般的に出資額に応じて生産物を届けること。ただ品物が手に入るだけでなく、生産管理委託や収穫体験などを提供しているものもあります。

一方、地域支援型農業（CSA）とは、農家と消費者が連携して、前払いによって農作物の売買契約を取り交わすしくみ。直接契約と、「野菜セット」などを定期購入してもらうことが主目的です。農家にとっては、天候不順などによる不作のリスクを消費者と共有することになり、経営の安定化につながります。

最後に、私募債とは、運営資金調達のこと。出資者に支払うべき金利を農作物や加工品の贈答にする場合もあります。

▶ CSAのコンセプト

定額の収入が確保されることで、持続的経営が見込めます。

¥ + 援農、堆肥化、遊休農地復元作業

前払い

生産者

リスクの共有 対等な関係

消費者

安全で高品質な農産物を供給します。

農産物セットの購入を、年間あるいは半年といった期間で **前払い** する契約方式

農産物セット、体験交流の機会などの提供

地域コミュニティの再生や環境保全

出典）「CSA（地域支援型農業）導入の手引き」（国立研究開発法人 農業・食品産業技術総合研究機構　農村工学研究所）を参考に編集部にて作成

👉 ONE POINT

消費者と農家が深い関係になれる オーナー制度

オーナー制度でわかりやすいのは、棚田オーナー制度。担い手の少なくなった棚田の保全が主目的です。通常、コメを農協などを通じて売るよりも高い収入が得られるようにし、条件不利地でも営農を続けやすくする狙いがあります。みかんやモモなど、樹木のオーナー制度もあります。消費者から出資を募り、生産物を届け、植え付けや中間管理、収穫作業などができる場合もあります。

激変する農業マーケット

農業産出額は9兆円。一方、農業を含めた食料関連産業の生産額は95兆円に達します（2019年3月現在）。儲かる農業にしていくためには、農と食、生産者と消費者を連携させたバリュー・チェーンの構築が必要です。

サプライ・チェーンからバリュー・チェーンへ

卸売市場
青果物や花きなどを集荷・分荷・競りにかけるなどして流通させる市場。

中抜き
商品の流通経路で集荷業者や卸売業者などの中間業者を抜かし、生産者と小売業者や消費者が直接取引すること。

農産物規格
流通の円滑化、取引の簡素化・公正化を目的に定められる品位、形量、包装などの規準。国や国に準ずる機関が定めるもの、府県や生産者団体が自主的に設けるものがある。

規格外
規格にあてはまらないもの。生産規模が大きくなればなるほど、規格外の農産物をどう処理するかが経営上重要になる。

　青果物に限らず、既存の流通ルートの利用率は、下がる傾向にあります。目立つのは、卸といった中間業者を省く「**中抜き**」です。農産物の小売販売価格のうち、農家の収入になるのは5割弱だとされていますから、中間マージンを省こうとするのは当然の流れといえます。

　市場出荷には厳格な**農産物規格**があります。長さや重さ、ゆがみや傷のあるなしで、いずれかのランクに区分されるか、**規格外**として廃棄されたり、加工品の原料になったりします。まっすぐでないニンジンや、かさぶたのような盛り上がりのできたカボチャをスーパーマーケットで見かけることは、ほとんどありません。規格は、野菜を流通させるうえで、特に流通業者や小売店にとって便利なものです。

　一方、消費者は多少のゆがみや傷を気にしない場合が多いでしょうし、農家にとっても、規格外や、規格内であっても買取価格の低いランクのものが増えると、収入が減ってしまいます。厳しすぎる規格に疑問をもっても、自分の生産物がどう消費されたかわからないし、消費者と対話する機会もないから規格に従うしかないという農家が多いのです。

　消費者が求めていることが農家に伝わりにくく、農家の思いが消費者に伝わらないという情報の非対称性を抱えた流通形態が、長年続いてきました。これを覆すべく、消費者ニーズに基づいた生産ができるよう契約栽培をしたり、ニーズを調査したうえで生産したりする例が増えています。サプライ・チェーンではなく、価値の連鎖であるバリュー・チェーンを作る機運が盛り上がっているのです。

▶ 生鮮食品等の主要な流通経路

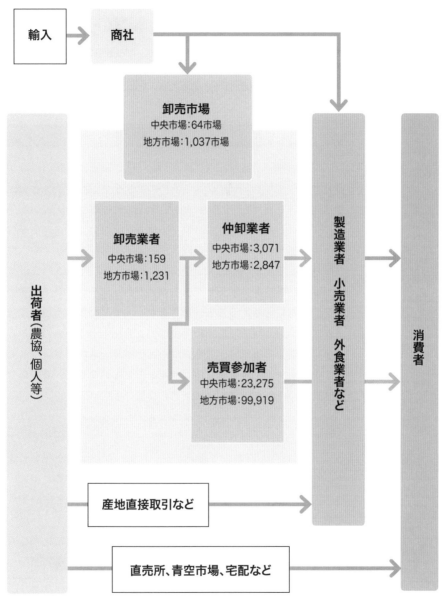

卸売市場
中央市場：64市場
地方市場：1,037市場

卸売業者
中央市場：159
地方市場：1,231

仲卸業者
中央市場：3,071
地方市場：2,847

売買参加者
中央市場：23,275
地方市場：99,919

輸入

商社

出荷者（農協、個人等）

製造業者 小売業者 外食業者など

消費者

産地直接取引など

直売所、青空市場、宅配など

（中央市場の市場数、卸売業者数のデータは
平成30年度末時点、中央市場のほかの業者数及び地方市場
のデータは平成29年度末時点）

出典）「卸売市場をめぐる情勢について　食料産業局」（農林水産省／令和元年8月）を参考に編集部にて作成

Chapter7 04

量より質で
JAと連携するスタートアップ

農家と飲食店や加工業者を結ぶ B to B の分野で、プラットフォームが生まれています。こだわった農産物を少量ずつ売るのが主流でしたが、JAと連携し、質の高い農産物をまとまった量で取引するサービスの構築が始まりました。

量に強みもつJAと質も追求

B to B
Business to Business。製品やサービス（農家の場合は農作物、収穫物）を法人同士で取引すること。ちなみにB to CのCはCustomer。直接顧客と取引すること。

相対取引
売り手と買い手が直接売買すること。

2003年創業のTsunagu（ツナグ）は、JAと市場、飲食店や加工業者が、ネット上で相対取引の予約ができるサービス「Tsunagu」を運営しています。「生産者が収穫の計画を公開し、ほしい業者が注文する」あるいは「業者側からほしい野菜のリクエストを出し、生産者が応える」という双方向のプラットフォームです。主な売り手としてJAを想定していることが、その特徴の1つ。JAは品目ごとに農家の集まりである部会があり、多品目かつ大量の野菜や果物をそろえることができます。ツナグが重視するのは量より質です。これは、卸売市場の取引と差別化するためです。

市場で取引する際は、大きさや形といった一定の規格に収まれば、その中で質に差が生じても考慮しません。ですが、実際には規格に定めていない質に価値を感じる買い手もいます。

規格に収まらない質を特定し数値化

ツナグはJAと協力して需要が高い「質」が何なのか特定します。そして、質を数値化し、評価するしくみを構築すると掲げているのです。実証実験をしているさなかで、2020年度中の実用化を目指しています。

取引には①買い手から栽培前または栽培中にJAにこれがほしいと発注する。②JAから特定の期間に売りたい農産物の品目や数量、等級、規格などのデータを載せ、買い手から注文を受ける。という2つの方法があります。後者の取引のためには、JAが事前にどの時期にどの程度の農産物が集まるかを把握しなければなりません。ツナグはJAと共に農家の生産に関するデータを集め、管理するしくみも作ろうとしています。

▶ TsunaguのJAの収穫情報からの取引

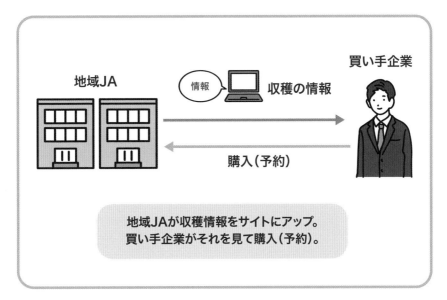

地域JAが収穫情報をサイトにアップ。
買い手企業がそれを見て購入（予約）。

▶ Tsunaguの買い手のリクエストからの取引

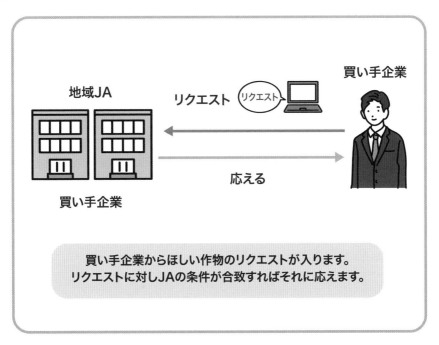

買い手企業からほしい作物のリクエストが入ります。
リクエストに対しJAの条件が合致すればそれに応えます。

Chapter7 05

改正卸売市場法

流通関係者が今、最も関心を抱いているのは、2020年6月施行の「改正卸売市場法」とその影響。自由化に大きく傾く流れのなか、構造調整が始まっている産地側や小売側も巻き込んだ業界再編につながっていく可能性があります。

目玉は第三者販売の解禁

卸売市場には中央卸売市場と地方卸売市場があり、前者は農林水産大臣から、後者は都道府県知事から認可を受けて、地方自治体が開設しています。その主な機能は「生鮮農水産物の集荷機能と評価」「価格形成」「代金決済」「情報発信」の5つです。こうした機能を果たしてもらうべく、両卸売市場が守るべきルールを定めたのが1971年に誕生した卸売市場法です。

今回、2020年度の改正法で注目したいのは、第三者販売が解禁されること。現行法では、卸売業者は仲卸業者や買参権をもつ業者以外への販売を原則的に禁止されていました。それが、流通インフラが整備されたり鮮度の高い商品を求める声が高くなったりしたことを背景に、卸売市場流通内での売買を減らす今回の改正法が2018年に国会で成立しました。つまり、卸売業者は小売業者や消費者に直接販売できるようになったのです。

新しい結びつきと役割

商品をめぐる各プレイヤーの現在の役割について確認しておくと、卸売業者は農家や産地などの川上から集荷すること、仲卸業者が小売業者や外食・中食業者などの川下に配分することです。一方、改正法では、仲卸業者が農家や産地から直接仕入れることも可能になります。つまり卸売業者にとっては今後、仲卸業者が競合相手となる可能性があるわけで、従来以上に川上側と川下側の双方との結びつきを強めなければならなくなります。そこで、一部の卸売業者は農家や産地と連携し、生産に関するデータを収集して、収穫時期の予測を始める準備をしています。そして、それを小売側に提供し、取引を促進していくのです。

卸売市場法
卸売市場の開設や運営を取り締まる法律。

第三者販売
卸売市場で生鮮食料品を購入できる仲卸業者や売買参加者（八百屋やスーパーマーケット、レストランなど）以外に販売すること。

買参権
卸売市場で生鮮食料品を購入する権利。

▶ 改正卸売市場法のポイント

2018年に成立した「卸売市場改正法」は、2020年6月に施行されます。現行の法律と比較した改正のポイントをまとめます。

	卸売市場法(現行)	卸売市場法・食品流通改善促進法(改正案)
①内容・基本的考え方	・卸売市場の計画的整備 ・卸売市場の開設、卸売、取引規制を定める	・卸売市場を含めた食品流通の合理化 ・生鮮食料品等の公正な取引環境の確保の促進
②国の基本的役割	・卸売市場の整備促進 ・適正かつ健全な運営の確保	・生鮮食料品等の公正な取引の場として、卸売市場に関する基本方針を示し、指導・検査監督する ・施設整備等への支援を行う ・流通合理化の取組を進めようとする場合、その計画を認定し支援する ・不公正取引の把握のための調査等を充実する
③開設主体(中央卸売市場)	都道府県、人口20万人以上の市	民間含め、制限なし
④国の関与(中央卸売市場)	開設区域を定め国が認可	国が認可(開設区域の定めなし)
⑤国の関与(卸売業者)	国が業務許可、指導・監督	
⑥国の関与(競り人)	法に明記	
⑦公正な取引環境確保の促進 ⑦売買取引の方法の公表	○一律に法で規制	○引き続き、卸売市場の「共通ルール」として位置づけ
④差別的取扱の禁止		
⑦受託拒否の禁止		
①代金決裁ルールの策定・公表		
⑦取引条件・取引結果の公表		
⑦第三者販売の原則禁止 (卸売業者は、市場内の仲卸業者、売買参加者以外に卸売をしてはならない)		▲原則、廃止 ただし以下の点に配慮し、市場毎に取引ルールとして定めることができる ・共通ルールに反しないこと ・卸売市場の調整機能維持に十分配慮する ・卸売市場の活性化に資する ・卸売市場ごとに、特定の事業者の優遇にならない
⑦直荷引きの原則禁止 (仲卸業者は、市場内の卸売業者以外から買い入れて販売してはならない)		
⑦商物一致の原則 (卸売業者は、市場内にある生鮮食料品等以外の卸売をしてはならない)		

出典)「卸売市場法改正のポイント」(大阪府公式HP 資料2)を参考に編集部にて作成

Chapter7 06

卸売市場発の変革

2020年6月に改正卸売市場法が施行され、規制緩和と自由競争の流れがさらに強まることが予想されます。卸売市場関係者のなかには、将来を見越し、小売り、生産とも密な連携を取ろうとしている人たちがいます。

川上、川下との連携

もはや自身の位置する川中ばかりを見ていてはダメだ。こう考え、農業界の川上と川下にいるステークホルダーと連携を取る卸や仲卸がいます。

秋田市公設地方卸売市場の卸1社と仲卸2社、地銀の北都銀行が、2015年、あきたベジフルサポートを設立しました。人口減少率と高齢化率が全国一の秋田県において、県内の青果物消費量が減るなか、関係者同士で協調すべきだと考えたからです。

産地から消費者に至る多重構造を整理

あきたベジフルサポートは、出資した卸と仲卸の戦略発動とマネジメントを行い、産地から消費者に至る多重構造を整理しました。卸と仲卸の連携で流通を単純化。加えて、仲卸2社がそれぞれ行っていた配送作業を、秋田市内の量販店については共同で行うようにしたのです。結果、トラック6台の減車に成功し、コストの圧縮になりました。消費者の声を産地までフィードバックしています。他地域でも、青果卸が新たなブランドを作ったり、産地のブランド強化を支援したりする動きがあります。川中で単に集荷するだけでなく、川下にどう売るかまで関与しているのです。

ところで、輸送の合理化は全国的な課題です。食品流通の97％がトラック輸送によるもので、トラックドライバーの不足に悩まされています。食品輸送は、積み下ろしに手間がかかったり、ロットが小さかったりする煩雑さが嫌われ、敬遠されることも少なくありません。農林水産省は一部の卸売業者や卸売市場の協会、物流業者、地方自治体などからなる「食品流通合理化検討会」を2019年11月に設置。合理化を進めるとしています。

川上
流通用語。もの（ここでは農作物、青果物）の、生産から消費までの流れを川にたとえている。農家が川上。

川下
川上である農家（生産者）に対し、消費者に販売する小売りのこと。

ステークホルダー
利害関係者。

川上から川下まで
あきたベジフルサポートのコンセプト。ステークホルダーとの連携を目指す。

▶ 秋田市公設地方卸売市場のしくみ

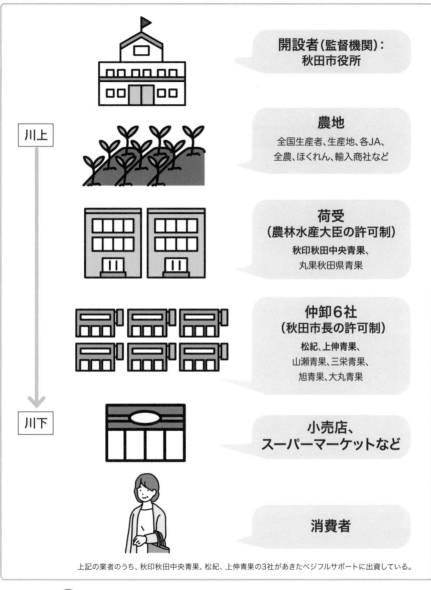

開設者（監督機関）：
秋田市役所

川上

農地
全国生産者、生産地、各JA、
全農、ほくれん、輸入商社など

荷受
（農林水産大臣の許可制）
秋印秋田中央青果、
丸果秋田県青果

仲卸6社
（秋田市長の許可制）
松紀、上伸青果、
山瀬青果、三栄青果、
旭青果、大丸青果

川下

小売店、
スーパーマーケットなど

消費者

上記の業者のうち、秋印秋田中央青果、松紀、上伸青果の3社があきたベジフルサポートに出資している。

地元テレビ局で「畑は笑顔」という番組を製作、県産の青果物を
取り上げ、栽培風景や農家のこだわり、食べごろの見極め方などを
紹介しています。登場した青果物は翌日、県内スーパーマーケット
の一等地に並び、売れ行きは好調だといいます。

メーカーやショップとの直接取引

契約栽培の拡大

安定した経営を望む農家と、安定して原料を仕入れたい実需の間で契約栽培が増えています。農協や卸売市場に出荷すると、その時々の相場に振り回されかねないからです。

契約栽培は経営安定のカギ

2015年農林業センサスによると、販売農家の農産物の出荷先のうち、もっとも売り上げが高かったのは農協です。一方で、販売金額が大きい農家ほど、農協以外にも分散して出荷しています。食品製造業や外食産業との直接取引、つまり契約栽培が増えるからです。

契約栽培に関しては、農協も積極的です。JA全農は実需者ニーズに基づく契約栽培の拡大を掲げています。規模拡大が進むなか、雇用を伴う経営が増えています。相場によって利益が大して出なかったり、原価割れしたりすれば、大変な打撃です。経営者は、事前にどの程度の売上が立つか把握したうえで、原価を計算する必要があります。事前に取引量や価格などを決める契約栽培は、経営の安定に重要なのです。

メリット・デメリットと改めるべき商習慣

包装の手間
市場出荷の場合、大きさをそろえて段ボールに詰めたり、プラスチックのコンテナに詰めたりする場合が多い。契約栽培なら、大きさにこだわらない場合もあるし、鉄コンテナのまま出荷できる場合もあり、省力化になりやすい。

規格外品
定められた基準（規格）にあてはまらない農作物のこと。

代金回収のトラブル
回避するためには、取引先の与信調査を徹底する、支払いサイト（締め日から支払い日までの期間）を短くする、売買契約書を結ぶ、保証金や保証人を設定する、保険に入る、などが考えられる。

その他、契約栽培のメリットは、市場出荷に比べ規格が緩くなったり、包装の手間が省けたりすることがあります。ほかにもそれまで規格外品として売れなかったものもお金になる可能性があること、実需者の反応がわかりモチベーションアップにつながること、などもあります。

デメリットは、実際の生産量が必要な量を上回ったり、下回ったりしてしまうリスクがあることでしょう。結果的に、契約内容を履行するために、契約量より多めに作付けする農家が多いようです。間に農協のような組織を介さない直接取引の場合、代金回収のトラブルもあります。

契約栽培のなかには、量だけ決めて、価格はそのときの相場を

▶ 農産物販売金額規模別・農産物売上高1位の出荷先別の販売農家数割合

平成27(2015)年

(単位：%)

	農協	農協以外の集出荷団体	卸売市場	小売業者	食品製造業・外食産業	消費者に直接販売	その他
300万円未満	67.0	8.2	4.4	5.1	1.3	9.5	4.4
300〜700万円	64.6	9.6	11.9	3.3	1.5	7.6	1.5
700〜1,500万円	64.6	9.8	12.9	3.1	1.6	6.4	1.6
1,500〜3,000万円	67.7	11.0	11.2	3.1	1.4	4.0	1.7
3,000〜5,000万円	71.7	10.7	9.2	2.8	1.7	2.3	1.6
5,000万円〜1億円	67.5	13.4	9.6	3.3	2.9	1.4	1.9
1億円〜3億円	56.6	16.8	13.3	5.1	4.8	0.6	2.8
3億円〜5億円	45.7	18.9	20.0	5.1	5.7	1.1	3.4
5億円以上	44.0	16.0	24.0	4.0	4.0	4.0	4.0

資料：農林水産省「2015年農林業センサス」
注：1）割合は、農産物を販売した販売農家数に対するもの
　　2）「300万円未満」に販売なしは含まない。

契約栽培が進む背景には、業務用野菜の需要拡大があります。女性の社会進出の影響もあって「食の外部化」が進んだからです。契約栽培だと、段ボールに詰めて出荷していたのを鉄コンテナで出荷できる、規格外が減る、といったメリットが期待できます。

収穫量や品質が一定になりにくいという農産物の性質を、実需者ともよく共有し、取引することが大切です。

見て決めるケースもあります。例えばコメの契約栽培は、事前に価格が決まるほうが珍しいとされています。そうはいっても、農家の経営の安定が目的なら、価格も事前に決めることが理想的です。商習慣の変革に期待したいところです。

 ONE POINT

契約栽培に対して
農協が積極的な理由

JAグループも、需要に基づいて生産するマーケットインを重視するようになっています。例えば業務用米だと、外食産業といった実需者がコメの安定的な確保に不安を感じていて、契約栽培を増やそうとしており、JAもそれに応じています。業務用米と青果で契約栽培の推進が顕著です。

Chapter7 08

成長する機能性表示食品

科学的根拠に基づいた機能性を表示できる機能性表示食品は、今後も市場の成長が期待できるうえ、健康食品関連では生鮮品を対象にした唯一の制度です。農業界も注視しておきたい分野です。

超高齢化社会でこれから伸びる分野

全人口に占める65歳以上の割合が21％を超えた超高齢化社会に突入した日本では、健康食品市場が堅調に伸びています。なかでも注目を集めているのは、2015年4月に制度が始まった機能性表示食品です。

日本食糧新聞によれば、特定保健用食品（トクホ）や栄養機能食品といった制度型の食品に加えて、価値を訴求する主軸として健康性を据える食品を「健康関連食品」と定義しています。また、その市場規模は2018年に推計1兆4,000億円に達し、先の機能性表示食品の市場規模はそのうちの17％を占めています。

機能性食品の生鮮食品第一号

機能性表示食品に生鮮食品の第一号として受理されたのは、JAみっかび（静岡県浜松市）が申請していたみかんです。同JAは浜松医科大学や農研機構などと三ヶ日町民を対象にした研究で、JA管内で栽培する「三ヶ日みかん」に含まれる色素「β-クリプトキサンチン」に骨粗しょう症のリスクを軽減する効果があることを明らかにしていました。受理されたことで、出荷用の段ボール箱に機能性表示食品であることやその機能性内容について記載できます。当時、同JAの後藤善一組合長は「とにかく生鮮食品では一番に取りたいと思った。世間の話題になるから。みかんで40年も飯を食っているけど、糖度は毎年変わるものじゃない。違う見方をしてもらわないと、みかんは伸びていかない。それには健康が一番大事だと思ってる」と話しました。

機能性表示食品は「健康」という切り口から生鮮食品に新たな価値をもたらすものなのです。

機能性表示食品
事業者が自らの責任において、科学的根拠をふまえて機能性を表示した食品。事前に消費者庁へ届けて受理されたら販売ができる。

特定保健用食品（トクホ）
機能性表示食品と異なり、国の審査と消費者庁長官の認可が必要になる。

訴求
宣伝や広告で、消費者の要望や欲求にはたらきかけること。

▶ 機能性表示食品の位置

食品

一般食品
機能性の表示ができない

栄養補助食品、健康補助食品、栄養調整食品

保険機能食品
機能性の表示ができる

特定保健用食品

栄養機能食品　許可マークなし

機能性表示食品　許可マークなし

特別用途食品
特別の用途で表示できる

医薬品

医薬部外品

最近ではコンビニエンスストアなどでも手軽に手に入るものが増えています。

出典）「機能性表示食品って何？」（消費者庁）を
参考に編集部にて作成

▶ 機能性表示食品に認定された三ケ日みかん

 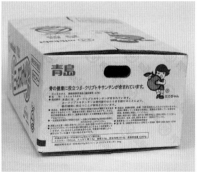

資料提供：三ケ日町農業協同組合

JAみっかびの選果場です。機能性表示食品に認定されたみかんがここから全国に出荷されます。

コメ先物取引で中国の後塵を拝する日本

「新潟県産コシヒカリの値段が中国で決まるなんてことになるんじゃないか」。2019年夏、こんな話がコメ業界をにぎわせました。大阪堂島商品取引所のコメ先物の本上場が見送られた19年8月、中国・大連でジャポニカ米の先物取引が始まりました。

日本と中国では
取引量が桁違い

結論から言うと、冒頭の発言のような状況にはなっていません。けれども、今後ジャポニカ米の国際取引が盛んになるとすれば、生産量が日本の6倍あり、かつ2つの取引所でジャポニカ米の先物取引をしている中国こそが価格決定権を握るのは自然な流れです。

大連のある中国東北部は、中国産ジャポニカ米の5割を生産し3割弱を消費する、最大の産地兼消費地です。中国では2014年から河南省鄭州の商品取引所がジャポニカ米の先物取引を始めています。しかし、生産と消費の中心にあり、かつ世界有数の取引所である大連での取引開始は、鄭州と違う重みがありました。

その取引量は、8月は約22万手（手は取引の単位）と多く、その後、減少。当初考えたほど取引は活発になっていないようです。2月は取引が活発化し、取引量が前月比600％を超え、約14万手まで持ち直し、3月も13万手を超えています。コロナ禍により一部の国がコメ輸出の規制に動くという情報が流れ、買い注文が増えたようです。大連商品取引所で1手は10トンで、3月の取引量は約130万トン。なお、大阪堂島商品取引所の3月の月間出来高は2万枚強。取引の大半を占める新潟県産コシヒカリは1枚1.5 tなので、3万トン強で、大連と二桁違いです。

日中に共通する
先物取引の意義

ところで、先物取引に期待される役割は日中で共通しています。大連商品取引所の上場にあたっては、先物取引が生産者と実需の双方に資するリスクヘッジ機能をもち、経営の安定化につながると強調されました。「国家の食料安全保障に関わる戦略作物であるコメ産業の安定化に欠かせない」と。これは日本にもあてはまることなのです。

第**8**章

農業と環境

農業の生産現場は、病害虫や鳥獣害、気候変動、土壌の劣化といった少なくない危険因子を抱えています。折しも2020年は国連が定める「国際植物防疫年」です。グローバルに人とものが移動し、リスクが高まる時代に、どんな対策が必要なのかを伝えます。

Chapter8
01

危機にさらされる土壌

土は農業生産において欠くことのできない要素です。にもかかわらず、どう使うかは所有者の勝手という風潮があります。地力の低下と転用による優良農地の喪失の危機が、もう長く叫ばれています。

深刻化する土壌の劣化

「土壌は公共のもの」「今の土地の使い方が将来の世代に影響する」。いずれも非常に基本的なことですが、私たちはしばしばこのことを忘れてしまっています。

現実的には、世界の土壌の3分の1が何らかの劣化に直面してしまっています。国連食糧農業機関（FAO）は、地球上の土壌の33％以上がすでに劣化しており、2050年までに90％以上が劣化し得ると訴えています。

食糧増産にも深刻な影を落とす

2050年に予測される人口を養うには、今よりも60％の食料増産が必要です。「緑の革命」（→72ページ参照）以来、土地の生産性は飛躍的に高まりました。しかし、土壌の劣化が足を引っ張っており、その悪影響は生産性の向上だけで補いきれないレベルに達していることを多くの報告が指し示しています。

圃場整備や大型機械の導入は、作土の層を薄くし、硬い耕盤を増やします。国内では、土作りに欠かせない堆肥の投入量が減り、有機物を施用しない圃場が増え、化学肥料に偏重したことでリン酸やカリが過剰になる傾向があります。つまり、窒素不足の圃場もあれば過剰もあり、栄養分の偏った土壌が増えているのです。

転用によって姿を消す農地も

営農以外には、農地転用で優良な農地が宅地や商業施設、道路などに姿を変え、消えています。「農地は私有地だからどう使おうと勝手」という考えが根強く、転用は承認機関である地元の農業委員会とつながりがあれば、基本的に認められるからです。

作土
作物の根が張る土壌の表層部分。

耕盤
大型機械の踏圧でできる、硬くて密になった層。

農地転用
農地を、農業目的以外に使用する土地に変えること。

土壌の劣化を早めるその他の要因
農地の管理が、農林水産省と国土交通省、環境省の3つの省に跨っており、連携がうまくいっていないことも土壌の劣化を早める要因の1つ。一部の土壌学者たちは、土壌が公共財だと周知し、各省が一体となって保全に努められるよう、「土壌保全基本法」という新法を作ってはどうかと提案している。

▶ **水田への堆肥の施用量の推移（1984〜2015）**

堆肥の施用量が年々減少しているなか、水田利用の高度化を維持していくためには、堆肥の施用による地力維持が重要。

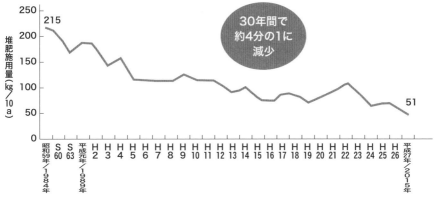

30年間で約4分の1に減少

▶ **過去の全国調査結果による畑土壌における有効態リン酸の状況**

過去の調査結果では、施設園芸では、黒ボク土壌及び非黒ボク土壌ともに、土壌中の有効態リン酸の改善目標を超過。最近の調査結果でも土壌の種類によっては有効態リン酸の過剰が顕著な県がある。

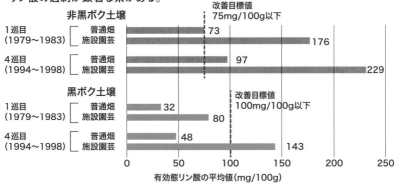

出典）「土づくりコンソーシアムの設立について」（農林水産省）を参考に編集部にて作成

🖒 ONE POINT

土壌の危機に直面した
国の取り組み

国も危機感をもち、2019年には土壌に関する情報を全国から収集・蓄積し利用する組織として、スマート農業に対応し、土作りや持続的な農業生産の実現を目指す「土づくりコンソーシアム」が発足しました。また、約20年ぶりに肥料制度が見直され、「堆肥と化学肥料の混合を柔軟にできるようにする」といった、農家が土作りしやすくなる条項を盛り込んだ改正肥料取締法が成立しました。

第8章 農業と環境

Chapter8 02

日本国内に棲息する病害虫

農産物を生産するうえで大きな課題は、病気や虫、いわゆる病害虫による被害をいかに防ぐかです。そのために求められるのは、発生情報の確保と迅速な対策。農林水産省は全国規模で情報のネットワークを築いています。

病害虫は無数に存在する

国内ですでに生息しており、農産物を害する病害虫は無数にあります。このうち、農林水産省は植物防疫法に則り「有害動物又は有害植物であつて、国内における分布が局地的でなく、且つ、急激にまん延して農作物に重大な損害を与える傾向があるため、その防除につき特別の対策を要するもの」については「指定有害動植物」に指定し、発生予察事業に基づき対策を講じています。

「指定有害動植物」は随時見直しされ、2020年の時点では111種類。稲であればいもち病菌や、斑点米の原因になるカメムシ類、トマトであればアブラムシ類や葉かび病菌などが挙げられます。

発生予察情報の種類

発生予察事業では都道府県の病害虫防除所と連携して、指定有害動植物の発生動向を調査します。例えば水銀灯や蛍光灯などの光源に誘引してつかまえる「予察灯」や、水を張った「水盤」、合成性フェロモン化合物でおびき寄せる「フェロモントラップ」などが、その調査方法です。

都道府県が発表する発生予察情報の種類には複数あり、「予報」は概ね毎月1回、病害虫の発生予測と防除情報を周知するものです。さらに発生の重度に応じて「注意報」「警報」を出します。さらに「特殊報」や都道府県独自の判断で適宜発表することもあります。

都道府県が公にした一連の情報は、市町村やJAを通じて農家に周知されるだけではなく、農林水産省がとりまとめてホームページに掲載したり、プレスリリースしたりします。結果、未発生の産地でも警戒に当たることができるわけです。

発生予察事業
農作物の安定生産のために行う病害虫防除の1つ。病害虫の発生予測を行い、関係者にその情報を提供する。

斑点米
茶褐色の斑点が残ったコメ粒のこと。コメの等級を決める農産物検査で等級を落とす要因の1つとなる。特定のカメムシが生育中のコメを加害することで発生する。

病害虫防除所
植物防疫法に基づいて都道府県が各自治体での植物の検疫と防除のために設置している機関。

▶ 発生予察情報とは

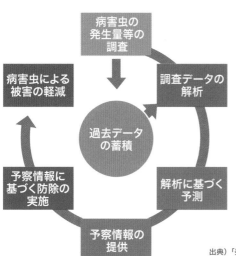

関係者に提供する主な内容

・今後、発生が多くなると予測される病害虫
・病害虫を効率的に防除できる時期

発生予察の効果等

病害虫の発生動向をとらえた効率的な防除が可能になり、農薬の過剰散布を避けられ、費用・労力を低減することができる。
また、過去の病害虫の発生動向に関するデータは、病害虫の生態解明の研究に、そして現在の防除対策の策定に寄与する。

生産者にとって有益な情報が集約される

出典）「発生予察事業とは1 発生予察事業について」（農林水産省）を参考に編集部にて作成

病害虫のまん延は、農業に甚大な被害を与えるおそれがあります。国と都道府県は協力して病害虫の防除を行い、まん延を防止する必要があり、そのために行われているのが病害虫の発生予測、つまり発生予察です。

▶ 発生予察情報の種類

種類	発表の頻度	内　容
予報	概ね月に1回発表	病害虫の発生予測及び防除情報を定期的に発表。
警報	都道府県の判断により適宜発表	重要な病害虫が大発生することが予測され、かつ、早急に防除措置を講ずる必要が認められる場合に発表。
注意報	都道府県の判断により適宜発表	警報を発表するほどではないが、重要な病害虫が多発することが予測され、かつ、早めに防除措置を講じる必要が認められる場合に発表。
特殊報	都道府県の判断により適宜発表	新たな病害虫を発見した場合及び重要な病害虫の発生消長に特異な現象が認められた場合に発表。
その他	都道府県の判断により適宜発表	月報、技術情報など、上記に含まれない情報を発表。

出典）「発生予察事業とは2 発生予察情報について」（農林水産省）を参考に編集部にて作成

Chapter8
03

環境に配慮した
防除のあり方

病害虫や雑草など農作物の生育に害がある生物の防除を、農薬のみに頼らず、あらゆる技術を総合的に組み合わせて行う──これをIPM（Integrated Pest Management　総合的病害虫・雑草管理）といい、国内外で実践されています。

IPMとは

IPMとは、病害虫や雑草の対策に、害虫を退治する**天敵**や、**マルチ**、防虫ネット、防蛾灯など、さまざまな技術を組み合わせることです。経済的な被害が出ない程度に発生を抑え、人の健康リスクと環境負荷の軽減を目指します。

交信攪乱剤と酸性電解水

よく知られたものに交信攪乱剤（性フェロモン剤）があります。昆虫は交尾のために、メスがオスに自分の居場所を知らせる性フェロモンを出します。対象とする害虫の性フェロモンを科学的に合成し、高濃度にしたのが交信攪乱剤で、これを園地全体に設置して性フェロモンを充満させれば、害虫のオスがメスに出会いにくくなり、交尾が阻害されます。結果、翌年以降の害虫の発生を大幅に抑えることができるのです。

この交信攪乱剤に殺虫成分は含まれず、農薬残留の心配はありません。国内のリンゴ収穫量の過半を占める品種「ふじ」発祥の地である藤崎町（青森県）は、交信攪乱剤を広く導入しました。きっかけは、リンゴの葉や実を食べる害虫リンゴコカクモンハマキが農薬耐性をもってしまい、駆除できなくなったこと。交信攪乱剤を全面的に使うことで、害虫の封じ込めに成功しました。

少し変わったものに、水に塩化カリウムを加え、電気分解することで作られる酸性電解水があります。高い殺菌力をもち、水稲のいもち病や苗立ち枯れ病、キュウリのうどんこ病、イチゴの灰色カビ病などの病害防除に効果を発揮します。人畜に害を及ぼす恐れがないことが明らかであるため、有機JASの**特定農薬**に指定されています。

天敵
天敵生物。害虫を食べて退治してくれる虫のこと。資材として売られている天敵を購入して使う場合と、土着の天敵を使う場合、両方を併用する場合がある。

マルチ
マルチングフィルム。作物の株元を覆うフィルム。雑草の繁茂や、土壌や肥料の流出を防いだり、土壌の水分の蒸発を抑えて温度変化を緩やかにしたりする。

特定農薬
その原材料に照らして、農作物等、人畜及び水産動植物に害を及ぼす恐れがないことが明らかなものとして、農林水産大臣及び環境大臣が指定する農薬のこと。特定防除資材ともいう。食酢、重曹、天敵、エチレンなどが該当する。

▶ IPMとは

化学合成農薬に頼らず、天敵や防虫ネット、マルチなど、さまざまな技術を組み合わせて病害虫や雑草の発生を抑制しようとする考え方です。

天敵昆虫	ハチで受粉
青色・黄色の粘着板	紫外線カットフィルム
黄色い光で害虫防除	フェロモン剤
天敵や環境にやさしい農薬	防虫ネット
土作り	マルチ資材で雑草対策

技術の組み合わせ

▶ 農業に使える電解水

塩化カリウム
（純度99%のものを使用）

KCl

水
（飲用に適するもの）

塩化カリウム水溶液を電気分解してできる酸性電解水で、殺菌剤として高い殺菌力があり、残留性が低く、植物の組織内に浸透しません。ゴーグルや手袋をつけずに水やり感覚での散布が可能です。

プラス電極 ＋

マイナス電極 －

隔膜

電解次亜塩素酸水（酸性電解水）

Chapter8 04

侵入病害虫

国外から侵入してくる病害虫は、日本農業にとっての脅威となり得ると懸念されています。輸入される植物に混じって国内には存在しなかった病害虫が入り込むことで、産地に壊滅的な被害をもたらす恐れがあるのです。

世界の食料の2～4割が毎年被害に

検疫
一般に検疫とは、伝染病を予防するために診断と検査をし、必要に応じて消毒や隔離をする行政処分を指す。検疫のうち、植物検疫では有害な病害虫の侵入や蔓延を防いで国内の農業と緑を守る目的で、輸出入された、あるいは国内にある植物を対象に、農林水産省が実施している。

病害虫が到来するわけ
世界的な食産業の成長と自由貿易の進展などを背景に、輸入される動植物に混じって、これまで日本国内には存在しなかった病害虫が諸外国から入り込んでいる。

不妊虫放飼でウリミバエを根絶
人工的に妊娠できないようにしたウリミバエを放し、野外に生息するウリミバエと交尾させることを繰り返して繁殖を阻止した。

国連は2020年を「国際植物防疫年（IYPH）」と定め、病害虫の蔓延を防ぐ取り組みが重要であるという認識を、世界に広げようとしています。国際連合食糧農業機関（FAO）によると、世界の食料の8割以上は植物由来で、このうち2～4割が病害虫の被害で失われているとのことです。

日本も例外ではありません。例えば、1970年に久米群島（沖縄県）に侵入したハエの一種・ウリミバエは、北上して、1975年には奄美群島全域（鹿児島県）で発生しました。根絶までに要したのは、20年以上という歳月と204億円の経費。これ1つとっても、国外の病害虫を、まずもって国内や地域に侵入させないことが重要であることがわかります。

病害虫の侵入を許すな

現在も、これまで存在が確認されていなかった新たな病害虫が海外やほかの地域から侵入してきたという事例は後を絶ちません。農林水産省は植物防疫法に基づき、防疫すべき病害虫と動植物、発生国・地域などを定めています。

海外での発生状況と国内への侵入リスクを踏まえ、2020年1月29日に同法の施行規則を一部改正して、防疫すべき対象の見直しを行いました。

これにより水際での侵入措置が講じられるようになりますが、何より大事なのは、対象の動植物や病害虫を移動させないことです。そのためには、国民一人ひとりが侵入病害虫の存在と脅威について知ることが欠かせません。「国際植物防疫年（IYPH）」である2020年は、空港や港湾などで盛んに周知されています。

▶ 最近話題となっている病害虫

病害虫名	症状	病原菌の特徴	防除方法
サツマイモ 基腐病（もと くされびょう）	地際部の茎及び塊根首部が黒色〜暗褐変する。症状は茎の上部及び塊根全体に伸展し、乾燥硬化、枯死に至る。	不完全菌類に属する糸状菌。分生子には大きさ、形状が異なる2つの型がある。	葉の変色等の生育不良株を中心に、地際部付近の変色の有無を目安に早期発見に努め、発病株の抜き取りなど適切に処分する。排水対策を徹底するとともに、苗消毒や種苗更新による健全種芋及び健全苗の確保と輪作や効果的な土壌消毒による苗床・栽培圃場の無病化に努める。
メボウキ（バジル） べと病	葉は黄化症状を示し、裏面に霜状の菌叢を生じる。進展すると葉裏全体が黒から灰白色の菌体で覆われ、葉枯れ症状を呈して容易に落葉するようになり、やがて立ち枯れる。	空気感染する。伝染源は発病株及びその残さ上にある分生子である。海外では種子伝染も報告されている。	登録のある農薬で予防的な防除を行ったうえで、圃場をよく観察し、早期発見に努める。速やかに農薬散布を行う。発病株や落葉した発病葉等は伝染源となるため、直ちに圃場外へ持ち出し、埋没等により適切に処分する。通風・採光・排水を良くする。栽培終了後、圃場に残さを残さない。
ヒメボクトウ	幼虫が集団的に穿孔食害し、枝幹の衰弱や枯死を招く。寄生された枝幹部では木屑の排出が見られ、しばしば樹液の滲出を伴い、発酵したような異臭が発生する。	羽化の時期は6〜8月で、7月が盛期。枝の裂傷部、剪定切り口から枯れ込んでできた樹皮の剥離部などのすき間に、塊で産卵される。	被害枝は、見つけ次第剪定し、粉砕等の処分を行う。登録された防腐剤を薬液が滴るまで散布、または樹幹に注入する。
チャトゲコナ ジラミ	成虫・幼虫ともに多量の甘露を排出し、多発するとすす病が発生する。摘採作業時に成虫が多いと、乱舞する成虫が労働衛生上問題となることもある。	幼虫は葉裏に固着し、4齢を経て羽化する。年3〜4世代の発生と考えられ、卵や幼虫態で越冬するが、3〜4月には老齢幼虫が主体となり、一番茶摘採期前後に成虫が羽化する。	秋冬期のマシン油乳剤、若齢幼虫期にピリフルキナゾン水和剤等の薬剤を散布するのが効果的である。幼虫はすそ葉に多く、すそ刈りやせん枝による葉層の除去も有効。
オリーブ がんしゅ病	小枝や若い枝に、直径5〜25mm程度のこぶを形成する。小枝などではこぶが枝を取り囲み、発病部位から先が枯死することがある。まれに葉や果実にこぶを形成することがある。	こぶ内や葉、果実、樹皮などの植物体表面で生存していた病原細菌が、管理作業や樹痕、風雨によってできた傷口などから侵入し、感染する。	登録農薬はない。発病樹、発病部位は確認後速やかに除去し、土中深く埋めるなどして適切に処分する。雨の多い時期や雨天時の管理作業を極力避ける。発病樹や感染が疑われる樹の管理作業後は、使用した機具を消毒する。

「最近話題となっている病害虫」（農林水産省）を参考に編集部にて作成

Chapter8 05

GAP

東京五輪・パラリンピックの選手村で提供する食材をめぐって、国産がほとんど使えないのではないかという不安が一時広がり、話題となりました。理由は、GAPを取得している国内の農家が少ないから。GAPとは何でしょう。

企業間取引のツール

GAP
農業において食品安全、環境保全、労働安全等の持続可能性を確保するための生産工程管理の取り組みのこと。GAPとは、Good Agricultural Practiceの頭文字。

GAPとは農業の生産活動をするにあたり、関係法令に則って継続的に作業や記録、点検などをすることを定めた標準規格です。農家は関連法令に則って農作業をしているかといえば、残念ながらそうとはいえないのが現実です。GAPでは作業者の安全や機械や農薬、肥料の利用、農産物などの栽培や収穫の工程のリスクなどに関する管理のルールを定めています。

農家や農業法人はこれを取得することで、農業の生産活動において適正な管理を実践できるようになります。加えてそのことを取引先に示せるわけです。大手の量販店を中心に、一部の企業は農家や農業法人に対してGAPの取得を義務づけていることから、GAPは企業間取引のツールでもあります。

GAPを実施する
農業者がGAP活動、あるいは取り組みを、自ら実施すること。認証を取得しているかどうかはまた別の問題。

GAPは1990年代に欧州で誕生しました。当時、グローバル化によって食の供給網が世界に広がるなか、食品関連業者にとって厄介なのは、食品事故を防ぐための安全規格が国ごとに違うことで、それを標準化する必要がありました。やがて誕生したのがグローバルGAPです。先進国の食品関連業者は国を超えた農産物の取引を円滑化するため、グローバルGAPを「通行手形」にしています。対して、日本ではグローバルGAPをもとに、都道府県やJA、民間団体が独自のGAPをつくり、広げていきました。ただし、日本発祥のGAPは国際的な標準規格ではないため、海外の企業との取引では基本的に通用しません。

GAP認証とは
第三者機関の審査により、GAPが正しく実施されていると確認されること。また、その証明。

GAP認証を取得する、取る
GAPを実施していると認証される、GAP認証を受けること。GAPを実施していることが、客観的に証明される。

そこで、輸出の拡大を目標にしている農林水産省は、グローバルGAPの取得に関する費用の補助を始めています。ただ、毎年の更新料は実費負担であるほか、生産管理に関する記帳が面倒であることなどを理由に、十分に広がっているとはいえない状況です。

▶ GAPとは

GAPは実施するものであり、GAP認証は取得するものです。GAPを実施することで適正な農業経営管理が確立します。また認証を取ることで、安全管理や持続可能性を第三者が審査・証明していることとなり、客観的な評価が上がり、信頼へとつながります。

生産管理及び効率性、または農業者自身や従業員の経営意識の向上につながる効果があります。また、人材育成、国内農業の競争力強化にも有効です。

▶ GAPの実施例

食品安全

包装資材のそばに灯油など汚染の原因となるものを置かない

堆肥置き場や調製施設では専用の履物を準備する

労働安全

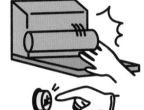

危険な作業はスイッチを止めてから行う

危険箇所の提示をする

環境保全

廃棄物を農場に放置しない

農薬空容器は分別して処分

人権保護

家族経営協定の締結、技能実習生の適切な労働条件の確保

農場経営管理

責任者の配置、教育訓練の実施、内部点検の実施

その他

商品回収テストの実施、資材仕入先の評価

気候変動による農業への打撃

1990年代以降、国内の平均気温は高温になる年が多く、高温による生育不良や品質の低下が問題になっています。対策として、耐性のある品種や、悪影響を最小限にとどめる栽培方法が広がりつつあります。

白未熟粒
コメのなかが白く濁って見えるもの。出穂後20日間の平均気温が26〜27℃を超えると増える。外観品質と検査等級が劣り、食味も悪くなる。

胴割れ米
粒の内側に亀裂が入ったコメ。水稲の登熟初期の高温によって、発生が助長されて起こる。

着色不良
色が悪くなること。果実の着色が進む時期に平均気温が高いと起きる。葉緑素を消失するには低温が必要で、かつアントシアニンやカロテノイドといった色素は、高温で合成が妨げられるため発生する。

高温耐性品種
高温にあっても玄米品質や収量が低下しにくい品種。

浮皮
収穫前の高温・多雨により、果肉と果皮が離れて実がブカブカする現象。貯蔵性の低下や腐敗の原因となる。

農業全体に及ぶ高温の影響

農業は、気温が1度上がっても影響が出る、敏感な分野です。100年当たりで気温が約1.19度上がるとの試算があり、高温によって農作物に被害が出る頻度は、確実に上がっています。

高温による悪影響は、コメなら白く濁って見える白未熟粒や、胴割れ米が増えます。果樹なら、色素の合成が阻害され着色不良になったり、黄色や茶色に変色する日焼けが起こったりします。

畜産の場合、家畜が餌を食べる量が極端に落ち、肥育速度が下がったり、乳量が低下したり、ニワトリが卵を産まなくなったりします。病害虫にも変化があり、高温状態で発生しやすい病気が増えたり、害虫が北上したりします。

対策としては、高温の影響を軽減したり回避したりする技術や、高温耐性品種の普及が進んでいます。

栽培適地の変化に伴う新たな挑戦

例えばコメの場合、田植えの時期を遅らせ、出穂期を涼しい時期にし、白未熟粒を防ぐ工夫が広がっています。

加えて、高温障害を防ぐために「にこまる」「つや姫」などの高温耐性品種の栽培が増えました。果樹では、みかんの浮皮を防ぐため、温帯性の柑橘に亜熱帯性の柑橘を掛け合わせた「デコポン」や「せとか」といった品種への転換がすでに進んでいます。

ピンチをチャンスに変える新たな挑戦

栽培適地の変化が見込まれるなか、山形県が柑橘類の試験栽培を始め、松山市（愛媛県）がアボカドの産地化を目指しています。ピンチをチャンスに変える、新たな挑戦の始まりです。

▶ 高温耐性品種の作付け状況

> 高温耐性品種とは、高温であっても玄米品質や収量が低下しにくいコメの品種のことです。

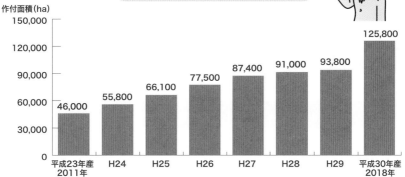

作付面積(ha)

平成23年産 2011年	H24	H25	H26	H27	H28	H29	平成30年産 2018年
46,000	55,800	66,100	77,500	87,400	91,000	93,800	125,800

出典)「平成30年 地球温暖化影響調査レポート」(令和元年10月／農林水産省)を参考に編集部にて作成

▶ リンゴと温州ミカンの栽培適地の変化の予測

地球温暖化によるリンゴ栽培に適する年平均気温(7〜13℃)の分布の移動

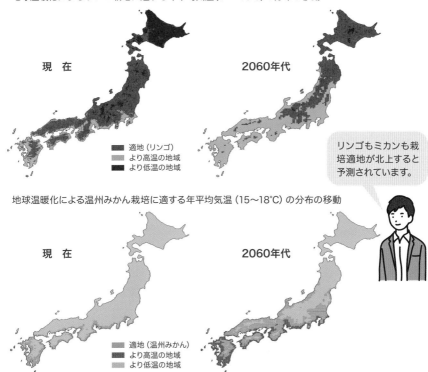

現 在　　　　　　2060年代

■ 適地（リンゴ）
■ より高温の地域
■ より低温の地域

> リンゴもミカンも栽培適地が北上すると予測されています。

地球温暖化による温州みかん栽培に適する年平均気温 (15〜18℃) の分布の移動

現 在　　　　　　2060年代

■ 適地（温州みかん）
■ より高温の地域
■ より低温の地域

出典)「地球温暖化によるリンゴ及びウンシュウミカン栽培適地の移動予測」
(農研機構 https://www.naro.affrc.go.jp/project/results/laboratory/fruit/2002/fruit02-36.html)

Chapter8
07

化学肥料を減らす微生物

化学肥料の原料の枯渇が懸念されるなか、注目したいのは土の中にいる肉眼では見えない微生物。想像以上に多くの微生物が存在するだけではなく、ある種の法則をもって仲良し集団を作っていることが最近の研究でわかってきました。

化学肥料の功罪

1900年に16億5,000万人だった世界の人口は、2000年に61億人に達しました。この20世紀の人口爆発に大きく貢献したのは、食料の飛躍的な増産を可能にした化学肥料です。ただし、化学肥料は、田畑への過剰な施用が環境汚染や土壌の酸性化を招くなど、20世紀も後半になってから、その陰の部分が明るみに出ました。しかも、製造するには多大なエネルギーを必要とします。とりわけ21世紀に入ってからは、原料となる資源の枯渇も懸念されるようになってきました。農業の持続の可能性を考えた場合、このまま化学肥料に依存するわけにはいきません。

化学肥料
科学的に合成された肥料のこと。

農業生産におけるリンの使用量を減らす

名古屋大学の研究チームは、作物自身に窒素固定する能力を付与する試みを続けており、ニトロゲナーゼという酵素を使って窒素固定をする微生物に注目しました。この酵素は常温・常圧という条件で窒素（N_2）をアンモニア（NH_3）に変換します。そこでその遺伝子を作物に導入しようと思いつき、実験を続けています。

同じく農業生産におけるリンの使用量を減らすため、自然科学研究機構基礎生物研究所などが注目するのは、植物の根に寄生して、共生関係を築くアーバスキュラー菌根菌（AM菌）。その役割は、土壌中に菌糸を張りめぐらしてリンなどの栄養分を吸収し、宿主作物に供給することで、この機能を応用した技術を開発する試みを始めています。

化学肥料の使用量を減らすために微生物を利用した研究は、世界的に活発になっています。新たなビジネスにもつながるだけに、日本がこの分野でどれだけ貢献できるかが注目されます。

窒素固定
作物が空気中の窒素を取り込んで、窒素化合物を作ること。

自然科学研究機構基礎生物研究所
岡崎市（愛知県）にある大学共同利用機関。基礎生物学における日本の中核的な国立研究所。

菌根菌
菌根を作って植物と共生する菌類。土のなかから養分を吸収して植物にそれを供給する一方、植物からは光合成でできた糖類をもらう。

宿主作物
植物と共生する菌根菌がつきやすい作物。

▶ 土壌と作物、肥料の関係

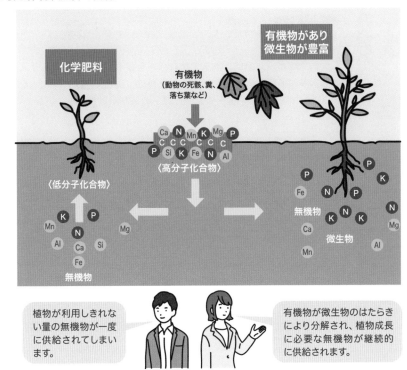

化学肥料

有機物があり微生物が豊富

有機物
(動物の死骸、糞、落ち葉など)

〈高分子化合物〉

Ca N Mn K Mg P
P Si K Fe N Cl
C C C
C C

〈低分子化合物〉

無機物

K P
Mn
N
Al Ca Si
Fe
Mg
無機物

P K
Fe P
N P
K N K
微生物
N
Ca Mg
Mn Al

植物が利用しきれない量の無機物が一度に供給されてしまいます。

有機物が微生物のはたらきにより分解され、植物成長に必要な無機物が継続的に供給されます。

出典)「日本の農業を土から変える『微生物』」(立命館大学研究活動報)を参考に編集部にて作成

▶ 空気を肥料とする窒素固定植物の創出

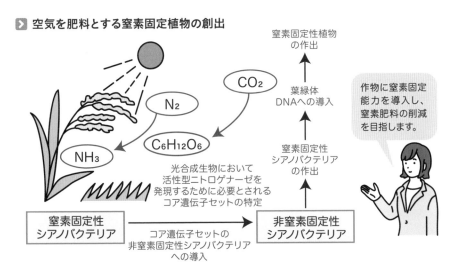

窒素固定性植物の作出

CO_2

N_2

$C_6H_{12}O_6$

NH_3

葉緑体DNAへの導入

窒素固定性シアノバクテリアの作出

光合成生物において活性型ニトロゲナーゼを発現するために必要とされるコア遺伝子セットの特定

作物に窒素固定能力を導入し、窒素肥料の削減を目指します。

窒素固定性シアノバクテリア

コア遺伝子セットの非窒素固定性シアノバクテリアへの導入

非窒素固定性シアノバクテリア

出典)「空気を肥料とする窒素固定植物の創出」(名古屋大学大学院生命農学研究科ゲノム情報機能学研究分野)を参考に編集部にて作成

Chapter8
08

冬水田んぼ

稲を刈り終わった田は、本来であれば水を張っておく必要はありません。しかし、多種多様な生き物をはぐくむために、あえて湛水（田に水を張り続けること）状態にしておく「冬水田んぼ」の取り組みが全国に広がっています。

冬水田んぼ、2つの利点

冬水田んぼ
地域によっては田んぼの生き物調査や自然観察会、都市住民を対象にした農作業の体験ツアーなどにも活用されている。野鳥が憩える場をつくる意味でも、冬水田んぼは注目したい取り組みである。

ユスリカ
ハエ目ユスリカ科。幼虫が身体を揺するように動かすことに由来し、この名がついたといわれる。夏の夕暮れ時、成虫が無数に集まって「蚊柱」をつくる。

冬水田んぼは、農業の振興という側面から見て2つの利点があります。

1つは土作りです。低い温度ではたらく酵母菌や乳酸菌などの微生物や、イトミミズや**ユスリカ**が増殖し、田の表層数cmのところに土壌の粒子が細かくなった「トロトロ層」ができます。そうした水中に棲む小動物を食べに、今度はカモやマガンなどの水鳥が降り立ちます。水鳥は糞を落とします。その糞に含まれているのは、植物の生長にとって欠かせない栄養素の窒素やリン酸。春に植える稲はそれを栄養とし、育っていくのです。

もう1つの利点は雑草対策です。稲の大敵である雑草の種子は「トロトロ層」に埋没します。土中深いその場所は、トロトロ層に遮られ、光が届きません。結果、雑草の種子は発芽できなくなるのです。

これら2つの効果を発揮できれば、化学農薬や化学肥料に依存しない農法を確立していくことができます。

新たな事業の構想も

冬水田んぼに取り組んでいる一部の地域では、収穫したコメをブランド化し、参加する農家の所得向上につなげています。農林水産政策研究所の調査によれば、全国的に冬水田んぼで育てたコメは高値で売れる傾向があるとのことです。

また、冬水田んぼは美しい景観を生み出します。田をレストランの会場に代えて、地域でとれる肉や野菜、果物を使った料理をふるまう構想も描くことができます。冬水田んぼを核にした事業への夢は、どんどん大きく広がっています。

▶ 冬水田んぼ

大崎市（宮城県）の冬水田んぼ。景観も美しい。

冬水田んぼは、冬、田に水を張ることで、さまざまな生物を息づかせる農法のこと。生物の営みは、天然の肥料、雑草の抑制、害虫防除などの効果を生みます。

2つの利点

土づくり 他の表層数cmのところに土壌の粒子が細かくなった「トロトロ層」ができる。

雑草対策 トロトロ層により光が遮られ、雑草の種子が発芽できなくなる。

➡ コメのブランド化による農家の所得向上や、美しい景観を生かした新たな事業展開も！

冬水田んぼは豊かな生態系も生み出します。渡り鳥も増え、その糞で土地が肥え、春に植える稲の栄養となります。

資料提供：大崎市農政推進課

Chapter8 09

農業が自然環境に与える影響

農業は自然や環境から影響を受ける一方で、影響を与える存在でもあります。例えば、作物の成長を促す肥料は、土壌から流れ出ると、河川や湖の水質を汚染します。リサイクルで生態系を守る試みが始まっています。

肥料の流出による赤潮発生の危険

常呂町
国内で三番目に大きな湖・サロマ湖を抱える道東の町。

プランクトン
水中や水面に浮かんだまま生息する微細な生物の総称。

赤潮
プランクトンが異常に増殖することで海や川、湖が変色する現象。特に赤く染まることが多い。赤潮が発生すると水中は酸素不足になり、水生生物は死んでしまう。

「森は海の恋人 川は仲人」。常呂町（北海道北見市）を訪れると、こんな看板を目にします。自然生態系から見れば、森も農地も川も海もそれぞれ単独で存在するわけではないという意味です。

　サロマ湖があるオホーツクでは、漁業だけではなく農業も盛ん。とりわけ玉ネギやジャガイモ、小麦、てん菜、豆類などの大規模畑作地帯として知られています。当然、畑に使う肥料も少なくありません。農家が畑に肥料をまくと、窒素やリンなどは作物に吸収される以外に、土壌から河川を通じて、湖にも流れ込みます。植物プランクトンはこれらも餌にして成長するわけですが、大量に流れ込めば赤潮が発生してしまいます。

　そこで、サロマ湖養殖漁業協同組合が赤潮の発生を抑えるために推奨しているのは、リサイクルです。例えば、サロマ湖の名物であるホタテガイは、養殖の過程で海藻や貝などのさまざまな生物が網や貝殻に付着します。そこで、そうした付着物を集めて堆肥にする工場が2002年に設立され、製造した堆肥は地域の農家に販売されています。

　注目したいのは、その分だけ、地域外から購入する肥料の使用量が減少すること。つまり物質の循環を促すことで、外から肥料をなるべく持ち込まないようにできるわけです。流れた肥料は養分となって植物プランクトンが増殖しますが、それを餌として育った付着物を回収し、再利用します。

　もし専門の業者に産業廃棄物の処理を任せれば、1トン当たり1万2,000円の経費がかかります。付着物は水分を多く含んでいるので、処理料も高額です。堆肥にして農家に使ってもらえば、コストダウンだけでなく、リサイクルにもなるわけです。

▶ 自然環境

森に降った雨は葉や土に蓄えられ、養分を吸収しな
がら地下へと浸透していき、やがて河川から海へと
流れ込みます。植物プランクトンや海藻はその栄養
で育ちながら、食物連鎖をなしていくのです。

出典）「『つなげよう、支えよう森里川海』プロジェクトについて」（http://www.env.go.jp/nature/morisatokawaumi/mat02.pdf／
環境省）を参考に、編集部にて作成

🐟 ONE POINT

「森は海の恋人　川は仲人」を
コンセプトとした取組み

　サロマ湖沿岸の北見市、佐呂間町と湧別町。それに、常呂漁業協同組合、佐呂間
漁業協同組合、湧別漁業協同組合が一丸となって、サロマ湖のごみゼロ運動を展
開しています。サロマ湖岸周辺域の環境保全を目的として、年一回、清掃活動を
実施しているのです。毎年約400名が参加し、4トンのゴミを収集しています。
この活動は環境という財産を「孫の代」まで継承していく熱い想いで実施してい
るのです。

あらためて問う鳥獣害対策

畑の作物を荒らす鳥獣害問題に、農家は頭を抱えています。野生動物の個体数は増える一方です。冬でも人間の住む街へ降りてくれば食べ物があり、そうした動物たちが起こすトラブルも増えています。

増え続ける鳥獣害

実際の鳥獣害被害額
ある自治体の職員が、農業共済に入っていない被害額についても推計したところ、県に提出した数字の5倍になったと話す。仮にこの推計を採用すれば、全国の被害額は1,000億円近くになる。

農林水産省によると、鳥獣害は2010年度に過去最悪の239億円を記録したものの、ここ6年は連続して減り続け、2018年度は158億円にまで下がりました。しかし、実際の被害額はこれより多いと推測されます。というのも、多くの市町村が集計している被害額は農業共済への被害申告に基づくからです。つまり、農業共済に加入していない作物の被害分は含まれないということになります。

個体数の異常な増加

鳥獣害が増えていると考えられるその他の要因
オオカミ絶滅説も挙がるが、これは論外。一般社団法人・日本オオカミ協会によれば、絶滅したのは明治時代の終わりだからだ。

なぜ鳥獣害はおさまらないのでしょう。それは、狩猟者の減少と高齢化が原因であるという見かたがあります。たしかに、1990年と2016年で比較すると、平均年齢は68歳と高く、狩猟者の数も29万人から20万人へと3割以上減少しています。しかし、肝心なのは、狩猟者の増減や高齢化ではなく、どれだけ野生動物を捕獲したかであるはず。そこで、金額ベースで鳥獣害の6割を占めるシカとイノシシの年間捕獲頭数について、1990年と2016年で比較してみると、シカは14倍弱、イノシシは8倍以上増えていました。

注目すべきは、捕獲頭数をはるかに超える勢いで野生動物が増えている点です。環境省が2016年度末、ニホンジカとイノシシについて個体数を推計したところによると、幅があるものの、平均するとその年のニホンジカは272万頭で、前回調査の2011年の261万頭より増えており、1989年と比べればざっと10倍にもなっています。イノシシは89万頭で前回調査の88万頭から微増であるものの、1989年と比べると3.5倍となっています。

▶ 鳥獣害による農作物被害額の推移

鳥獣による農作物の被害額は158億円で、約7割がシカ、イノシシ、サルによるものです。

鳥獣被害で営農意欲が減退したため、耕作放棄地や離農が増加したり、土壌流出などの二次被害も出たりしています。

凡例:
- カラス以外の他鳥類
- カラス
- サル、イノシシ、シカ以外の獣類
- サル
- イノシシ
- シカ

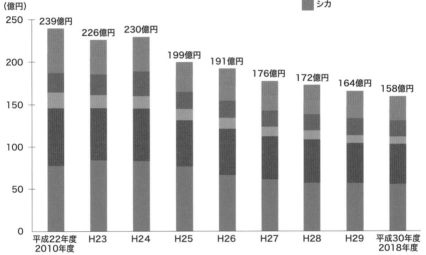

(億円)

平成22年度 2010年度	239億円
H23	226億円
H24	230億円
H25	199億円
H26	191億円
H27	176億円
H28	172億円
H29	164億円
平成30年度 2018年度	158億円

出典)「野生鳥獣による農作物被害状況の推移」(農林水産省/平成29年度)を参考に編集部にて作成

 ONE POINT

肝心なのは
餌をなくすこと

実は、農山村で暮らす人たちは知らずしらずのうちに野生動物に食べ物を与えてしまっています。だから鳥獣は集落に侵入して農地を荒らすのです。山の恵みが乏しくなる冬場でも、人里に出向けば、食べ物が豊富に転がっています。それらを漁ることで、幼獣の死亡率や初産年齢が低下して、個体数は増えていきます。もし食べ物がなければ、そうした事態になりようがありません。だから被害を減らすうえで重要なのは、まず、彼らが自由に食べられる餌をなくすことなのです。

野生動物の解体処理施設を増やすべきなのか

ジビエは鳥獣害の解決策となり得るか

野生動物の肉を指す「ジビエ」という言葉をよく聞くようになりました。背景にあるのは農作物に被害をもたらすイノシシやシカなどの捕獲頭数が増えていること。

農林水産省によると、野生動物による農作物の被害は6年連続で減少し、2018年度は158億円。さらに減らすため、全国的に捕獲が推奨されています。鳥獣害の6割を占めるシカとイノシシの年間捕獲頭数はシカが57万9,300頭、イノシシが62万400頭にもなります。

捕獲といっても、概してそのあとに生かしておくわけではありません。銃猟はもちろんのこと、わな猟や網猟でも捕獲したあとに殺してしまいます。殺処分した野生動物は往々にしてそのまま山に埋めます。それでは奪った命に対して申し訳ないというので、食肉としていただこうという動きが始まりました。

音頭を取ったのは農林水産省。2007年度に鳥獣被害防止特措法を成立させ、野生動物の捕獲とともに有効活用を進めてきました。この特措法では約100億円の予算が講じられ、その一部が野生動物の解体処理施設の新設や拡充に使われています。地元自治体の単独予算や独自の建てたものも含めると、2018年時点で少なくとも663の施設が建っています。

ところで、ジビエを食べる機会があったことが一度もないという人が多数ではないでしょうか。

事実、捕獲した野生動物の流通に回るのは一部です。農水省が調べたところ、2018年時点で利用されたシカは7万4,136頭、イノシシは3万4,600頭。食肉に換算すると合計1,400トンです。ちなみに牛肉の国内消費仕向け量は130万トンと桁違い。クジラですら5,000トンほどなので、一年のうち一度も食べたことがない人がいても当然です。

ジビエの消費が伸びないのはいくつかの要因があり、それぞれ解決していかなければいけません。ただ、現時点でこれ以上の需要が見込めないのは確かであるほか、既存の解体処理施設はほとんどが黒字になっていないことを踏まえると、安易に増やすべきではないと考えます。

第9章

スマート農業の可能性と課題

ここ数年、農業界を超えて広く社会でよく聞くようになった「スマート農業」。ロボットやAI、IoTなどの最新のテクノロジーを活用することで農業が抱える課題を解決し、その発展に寄与するといいます。具体例とともにスマート農業の実態を明かしていきましょう。

スマート農業とは何か

農業の話題で、今最もホットなのは「スマート農業」でしょう。農林水産省は2020年度予算の概算要求で、重点事項として「スマート農業」「輸出の強化」「高付加価値化」を掲げています。

スマート農業で実現する超省力と高品質

芽かき
不必要なわき芽を摘み取ること。栄養が分散するのを防いだり、風通しを良くしたりするのが目的。

　農林水産省によれば、スマート農業とは「ロボット技術、ICTを活用して、超省力・高品質生産を実現する新たな農業」。このうち超省力という観点で特に期待されるのは、人に代わって作業をしたり、判断の材料を提供したりするロボットです。

　畜産、野菜、穀類、花き、果樹とあらゆる品目で農業作業用ロボットの開発は、何かしら始まっています。例えば果実と、野菜でいえば、レタスやキャベツ、トマト、アスパラガス、キュウリなどの収穫ロボットが、花きでは主力の菊の栽培で最も手間のかかる芽かきをするロボットの開発や普及が始まっています。このほか充電機を自動で往復する草刈りロボットのいわゆる「除草ルンバ」、人が装着することで荷物の上げ下ろしなどの動作にかかる負荷を減らす「パワードスーツ」などもあり、数え挙げていけばきりがありません。

　一方、スマート農業が目指すもう1つの高品質についてはいくつかの局面から論じられるべきですが、ここでは例として農産物の食味について述べます。農家の経営規模が広がって綿密に栽培管理できなくなっていることに加え、最近の夏場の高温もあって、農産物の品質の低下が懸念されています。

　代表的なのはコメです。そこで農機メーカー大手は、コメの収穫と同時に食味（水分値とたんぱく値）と収量を計測するセンサーを内蔵したコンバインを開発し、普及しています。このコンバインがあれば、田んぼ一枚ごとに食味と収量の結果が確認できます。農家はその結果から問題点を洗い出し、改善点を検討することで、翌年の食味を上げることができます。このように、スマート農業は、量と質の両面に寄与することが期待されています。

▶ スマート農業がもたらす5つのメリット

メリット**1**
超省力・大規模生産を
実現

GPS自動走行システム
等の導入による農業機械
の夜間走行・複数走行・
自動走行等で作業能力
の限界を打破

メリット**2**
作物の能力を
最大限に発揮

センシング技術（→12ペー
ジ参照）や過去のデータに
基づくきめ細やかな栽培に
より（精密農業）、作業のポ
テンシャルを最大限に引き
出し高収・高品質を実現

スマート農業　ロボット技術、ICTを活用して、
超省力・高品質生産を実現する
新たな農業

メリット**3**
きつい作業、
危険な作業から解放

収穫物の積み下ろし
などの重労働をパワ
ードスーツで軽労化
するほか、除草ロボ
ットなどにより作業
を自動化

メリット**4**
誰もが取り組みやすい
農業を実現

農業機械のアシスト装置
により経験の浅いオペレ
ーターでも高精度の作業
が可能となるほか、ノウ
ハウをデータ化すること
で若者等が農業に続々と
トライできる

メリット**5**
消費者・実需者に
安心と信頼を提供

クラウドシステムに
より、生産のくわしい
情報を実需者や消費
者にダイレクトにつ
なげ、安心と信頼を
届ける

出典）「スマート農業の実現に向けた取り組みの現状と今後の展望」（農林水産省）を参考に編集部にて作成

スマート農業の象徴ともいうべき新技術

「GPSガイダンスシステム」と「自動操舵装置」

「GPS（全地球測位システム）ガイダンスシステム」と「自動操舵装置」は、稲や麦、大豆など広い土地を利用する農作物の栽培に関するスマート農業の象徴です。特に農地が広くて集約された北海道での導入が進んでいます。

肉体的・精神的な負担を軽減

GPS
Global Positioning Systemの略。米国が運営する、地球上の現在地を測定できる衛星測位システム。

　GPSガイダンスシステムとは「農業版カーナビ」といえるものです。地球を周回するGPS衛星が発信する信号を受け、トラクターの位置を即時に把握し、操縦席に取りつけたモニター画面に走るべき経路を表示してくれます。一方、自動操舵装置は文字通り、人がステアリングを握らずとも農機を走らせてくれる装置です。といっても、現状は真っすぐに進むだけで、自動的に作業機を持ち上げたり、旋回して再び走り出したりすることはできません。

　ただ、個々の農家にとっては、もともと大規模に経営してきた農地が周囲の離農とともにさらに広がっているなか、操縦する手間がかからず直進するだけでもありがたいことです。作業の精度が上がるほか、操縦にかかる肉体的・精神的な負担が軽減されるからです。

収穫と同時に収量と品質のデータを取るセンサー

　北海道ではGPSガイダンスは2008年から、自動操舵装置は2011年から普及が始まりました。北海道での普及状況は、図の通り急速に進んでいます。

　ただし、いずれの出荷台数も道庁が主要メーカー8社に問い合わせた数字で、GPSガイダンスシステムにしろ自動操舵装置にしろ、この8社以外も製品化しているところがあります。加えて専用の端末を購入せずとも、スマートフォンやタブレットでアプリケーションをダウンロードしてもらうだけで、GPSガイダンスシステムと同じサービスを提供する会社もあります。そういったサービスの利用状況は先の数字には入っていませんので、実際

▶ GPSガイダンスシステム等の出荷台数の推移（8社、道内向け）

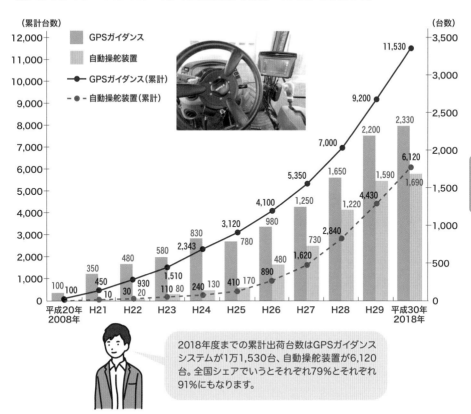

出典）「農業用GPSガイダンスシステム等の出荷台数の推移」
（北海道HPhttp://www.pref.hokkaido.lg.jp/index.htm）を参考に編集部にて作成

2018年度までの累計出荷台数はGPSガイダンスシステムが1万1,530台、自動操舵装置が6,120台。全国シェアでいうとそれぞれ79%とそれぞれ91%にもなります。

にはもっと多く普及していると思われます。

農機の自動化、次のフェーズ

　急速に普及したのは2014年以降。最大の理由は、GPSの基地局が各地に相次いで設置され、以前よりも高精度に作業ができるようになったからです。GPS基地局からの補正情報をもらうことで、設定した経路との誤差は2〜3cmで済みます。人が操縦するのと同じ、あるいはそれ以上の精度です。

　農機の自動化でこの後に待っているのは、人が乗車せずとも田畑をくまなく走行するロボットです。すでに、2018年からその一部は実用化されています。

Chapter9 03

スマート農業の鍵を握る データのありか

スマート農業というとAIやロボットばかりが注目されてますが、それよりも大事なのはデータです。生産に関するデータを取得して解析し、経営戦略を立てることが、スマート農業の基本です。

スマート農業を支える3つのデータ

データは
「21世紀の石油」
データは量と質次第で、はかり知れない富を生み出すもの。農業において、それが湧き出る油田はどこにあるのだろうか。

　東京大学大学院農学生命科学研究科の二宮正士特任教授（名誉教授）によれば、農業には大きく分けて3つのデータがあります。環境と管理、生体に関するデータです。1つ目の環境データは気象や土壌、水といった、植物が育つ環境に関することで、場合によっては作物以外の微生物のはたらきも入ります。2つ目の管理データは、人為的な営農行為に関することです。具体的には、種子や農薬、あるいは肥料をまいた時期やその量、農業機械をどこでどれだけの時間を動かしたのか、なども含みます。3つ目は生体データで、作物の生育状態に関すること。葉の面積、果実の糖度や酸度、収量といった作物そのもののデータです。

実用化に耐える環境データと管理データ

　さて、それぞれのデータは十分に収集ができるようになってきたのでしょうか。まず、例えば田畑に設置して、温度や湿度、雨量のほか、水田の水位を計測する、といった環境データを集積するセンサーは、すでに多くが実用化されています。

　続いて、管理データも多くのメーカーが支援システムをサービス化しています。現状、記録をつけていても、手書きがメインです。これでは過去のデータを引っ張り出すのに時間がかかるうえ、経年的な傾向を読み解いて営農に活かすのは難しいのですが、支援システムを使えばそうした問題は軽減されます。

生体データには今後の課題が残る

　技術的には十分に収集できるようになってきた以上2つのデータに対し、今後の進展が待たれるのが生体データです。もちろん

▶ データを駆使した戦略的な生産

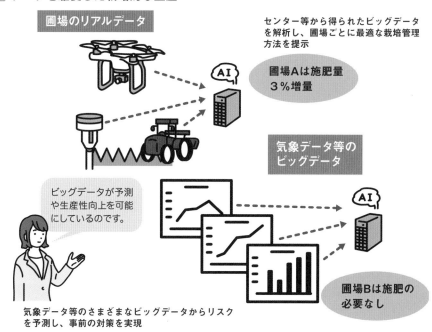

圃場のリアルデータ

センター等から得られたビッグデータを解析し、圃場ごとに最適な栽培管理方法を提示

圃場Aは施肥量
3％増量

ビッグデータが予測や生産性向上を可能にしているのです。

気象データ等の
ビッグデータ

気象データ等のさまざまなビッグデータからリスクを予測し、事前の対策を実現

圃場Bは施肥の
必要なし

出典）「農業における人工知能やIoTの活用の可能性」（データ流通環境準備検討会）を参考に編集部にて作成

ドローンやセンサーを使ったリモートセンシング技術（→12ページ参照）が発達しことで、生体データはいろいろ収集できるようになってきています。ただ、そのほとんどは葉や実の形状や病徴など、植物の外観から判定するのにとどまっています。つまり、「植物の内部で何が起きるか」をデータ化する技術は、現時点ではまだないということです。これは、今後の課題であるといえます。

 ONE POINT

期待される「植物内部」のデータ化

植物の内部をデータ化する先駆的な研究をしているところに、名古屋大学生物機能開発利用研究センターがあります。同センターの野田口理孝准教授は、植物の葉から搾り取る微量の液体から、植物の栄養や健康の状態を短時間で診断し、データ化する方法を開発しています。

Chapter9

04

農業におけるPDCA

ビジネスを円滑に進めるための考え方である「PDCA」。農業でも生産に関するデータが取れるようになったことで、実践が始まっています。PDCAを取り入れることで、農業にどのような変化が生まれるのでしょうか。

農業に取り入れたいビジネス感覚の1つ

PDCA
ビジネスを成功させるために、生産管理や品質管理などの業務管理を円滑にする手法の1つ。「PLAN（計画）」「DO（実行）」「CHECK（点検・評価）」「ACT（改善）」というサイクルを繰り返すことで、業務を改善していく。

　農業という仕事のなかでPDCAを回そうとするとき、欠かせないのは、栽培の結果として出てくる収量と品質のデータです。これまでは、一枚の農地の収穫物のそうした結果が明確でなかったために、PDCAを実践しにくかったという事情があります。ただ、技術は進歩しています。

収穫と同時に収量と品質のデータを取るセンサー

　最も多くの農家が作っているコメでは、大手農機メーカーのクボタが、PDCAを実践するために、2つのセンサーを内蔵コンバインを販売しています。センサーの1つは穀物のたんぱくと水分の含有率を計測する食味センサー、もう1つはその重さを計測する収量センサーです。いずれも収穫しながらそれぞれのデータを収取していきます。

　一連のデータは、収穫すると同時にKSASでクラウドサーバに蓄積されます。最新機種では従来必要だったスマートフォンやタブレットを介さずに、機械とサーバが直接通信できるようになりました。刈取後に収集したデータを見れば、刈り取ったコメの食味の平均値と総収量がどの程度だったかが一目瞭然です。

コメ以外でも進む「結果の見える化」

ハーベスター
収穫や伐採を行う農業機械。

　収量が把握できるコンバインは麦・大豆でも実用化されています。ほかにも、北海道大学と帯広市（北海道）の農業法人が共同で、ハーベスターで収穫と同時に収量を自動計測するセンサーの開発を手掛けているなど、PDCAの実践に向けて「結果の見える化」が進みつつあります。

▶ KSAS連動のコンバイン

KSAS対応機とは通信機器を搭載した農機のこと。収穫しながら、同時にデータを集積し、クラウドにアップロードします。いつでもどこでも、データが取り出せます。

クラウドシステム

農家

販売店

出典）「特集　ITで拓く脳の未来（3）」（農林水産省／『aff（あふ）』2010年8月号）を参考に編集部にて作成

👍 ONE POINT

食味と収量
データの意味

もし作物の食味と収量の成績が悪ければ、肥料分の窒素が不足していることが原因であると考えられます。その場合には、農地の肥沃度（ひよくど）に応じて適量の肥料をまけばよいのです。肥料をまく機械はその散布量を調整できるようになっています。あるいは収量は十分であったものの、食味が思わしくなければ、窒素が多すぎることが要因だから、その散布量を減らせばいいのです。

Chapter9
05

メーカーに依存しない
スマート農業化

農家がICTやAIなどを活用しながら、営農に役立つ技術や機器を生み出しています。メーカーの開発が期待できない小さな市場であっても、自らの創意工夫で、農作業の有益な相棒を生み出せる時代に入っているのです。

機械学習ライブラリー「TensorFlow」
グーグルが2015年11月に発表したディープラーニング。世界中の誰もが好きなように使えるようにしたことで驚かせた。関心のある人であれば、誰しもがAIを活用してさまざまなシステムを構築できるようになった。

キュウリの選別の忙しさ
静岡県湖西市の農家・小池誠さん宅では、この道30年のベテランである母親の仕事となっている。しかもその作業時間といえば繁忙期には8時間にも及ぶ。

メーカーに依存しないスマート農業化の例
ある農家は、遠隔地から用水路をWEBカメラで監視する装置を開発した。周囲の農家が離農するに伴い、経営する水田面積が広がって見回りが難しくなったためだ。また、ある農業法人は、センサーやクラウドサービスを使って独自の収穫予測システムを構築している。

ベテランにしかできない仕事を機械に任せる

野菜のなかでもキュウリの選別は厄介です。長さと太さ、色つやや質感、凹凸や傷、病気の有無といった組み合わせで9つもの等級に分けなければなりません。キュウリを見て、一瞬のうちにどの等級かを判断するのは、ベテランの仕事領域です。

この選別を機械に任せられないものか——そう考え、キュウリ農家の小池誠さんが利用したのが、機械学習ライブラリー「TensorFlow（テンサーフロー）」。キュウリの等級ごとの写真を一万枚ほども撮影し、その画像をディープラーニングで選別機に半年かけて覚え込ませたのです。キュウリの仕分けに関して、ベテランの域にまで引き上げようとしています。

人工知能を使いこなす時代の到来

「農家が人工知能を使いこなして、野菜の選別を作れる時代はもうきています」。そう語る小池さんはさらにキュウリの撮影枚数を3万6,000枚にまで増やして、AIによる選別の精度を80％にまで高めました。

旧型のベルトコンベヤー式の選別機は自動的に選別するようになっていました。人が所定の位置にキュウリ1本ずつを載せていくと、AIが等級を判別します。キュウリはベルトコンベヤーを流れる間に等級に応じて決まった場所で落下させられ、下にある箱に収まります。ただ、ベルトコンベヤーを流れる間に、キュウリの品質に欠かせないイボが取れてしまうことがあるため、新型を作りました。

新型は人がディスプレーに数本のキュウリを置くと、それをカメラが撮影してAIが1本ずつの等級を特定し、ディスプレー上

▶ 収穫したキュウリを9等級に選別する作業の自動化

キュウリ生産が地域で盛んであれば、農家は未選別のキュウリを共撰所に持ち込むだけで済む。共撰所に、大規模な選別機が導入されているからだ。しかし、キュウリ生産が盛んでない地域では、選別機を置いていない。キュウリの選別は、ベテランでも多大な時間と労力が必要——そこで、キュウリ農家の小池誠さん（静岡県湖西市在住）は、自動選別装置の開発に乗り出した。

丁寧に選別したところでキュウリの品質が高まるわけではない。だったら少しでも作業を自動化して、空いた時間で、よりよい品質のキュウリを消費者に届けたい―そう考えて、選別機を自作したという小池さん。

ベルトコンベアーで運ぶと傷がついてしまうので、現在では完全な自動化を諦めて、キュウリを置くディスプレーを開発、上部のカメラで撮影して、キュウリの等級を判断するしくみに切り替えたそうです。

大きさも形もさまざまな 大量のキュウリ

ディスプレーの上に置くと…

等級を正確に判別してくれる！

人は等級別の箱に仕分けるだけ

に表示するようになっています。人はその表示を見てキュウリを取り上げ、等級ごとの箱に選り分けるだけ。選別のベテランでなくても、等級を判別できるわけです。

　農業経営といっても千差万別で、それぞれに課題は異なります。ですが、メーカーに依存せずとも、自らの創意工夫でテクノロジーを活用することで解決できる課題は、上記の例のように、いくつもあります。

　農家が人工知能を使いこなして、自分たちの力で課題解決し、よりよい仕事をしていける時代が、すでに来ているのです。

搾乳ロボットの偉大な力

農業用ロボットで最も普及しているものの1つに搾乳ロボットがあります。
このロボットを使用することで、人が搾乳する必要がほぼなくなりますが、
普及の効果は省力化だけにとどまりません。

北海道で590台普及

　酪農が盛んな北海道では特に、搾乳ロボットが急速に普及して
います。搾乳ロボットは、乳牛が搾乳室に入ると、センサーで乳
頭の位置を確認してブラシで洗浄し、それが終わるとティートカ
ップと呼ばれる機器を装着して搾乳を始めます。一連の作業が終
わるとティートカップは外れ、ウシは勝手に退室するというしく
みです。北海道庁によると、搾乳ロボットの稼働台数は590台
（2019年2月時点）で、5年前と比べて3倍に増加していると
いいます。省力化だけでなく、生乳の生産量を増やす効果もありま
す。ある酪農家は、搾乳ロボットを導入する前は、1日当たり2
回搾乳していました。それが搾乳ロボットを導入したことで、4
～5回に増えたのです。かつては人手がまわらず、十分に絞り切
れていなかったのでした。

データ収集と解析は経営を向上させる

　ロボットが搾乳した生乳はすぐさま自動的に計量され、その成
分が分析されます。加えてウシの首に取りつけたセンサーは、活
動量と反芻の回数も計測します。一連のデータは個体にひもづけ
され、酪農家は事務所のパソコンで閲覧できます。データを解析
することで気づくことは少なくありません。例えば、ある個体に
ついて生乳の電気伝導度が上昇していたり、搾乳量が減少したり
していれば、乳房炎の疑いがあります。あるいは活動量が上が
り、反芻の回数が減れば、発情している可能性が高いのです。

　酪農にとって発情の時期を見極めることは非常に大事です。乳
牛は平均して21日周期で発情しますが、その時期を見逃すと、
種付けするタイミングを失してしまいます。結果、次の発情まで

反芻
一度飲み込んだ食べ
ものを口内に戻し、
もう一度噛んでから
飲み込むこと。

**牛の病気や発情期が
わかるデータ**
例えば、ある個体に
ついて生乳の電気伝
導度が上昇していた
り、搾乳量が減少し
たりしていれば、乳
房炎の疑いがある。
あるいは活動量が上
がり、反芻の回数が
減れば、発情してい
る可能性が高い。

乳房炎
病原微生物が乳房や
乳腺組織内に侵入し
て増殖し、その結果
発生する乳房の炎症。

▶ ロボット搾乳システムの一例

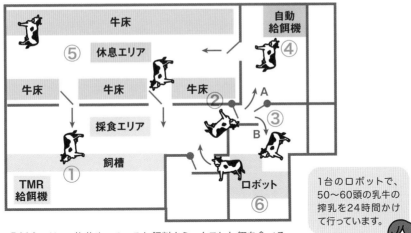

①採食エリア：牧草やいろいろな飼料をミックスした餌を食べる。
②ゲート：各牛の首につけたトランスポンダによって何番の牛か認識。
③セパレーションゲート：搾乳後6時間経過しているか否かで牛を振り分ける。
　6時間未満→自動給餌機・牛床へ（矢印A）／6時間経過→搾乳ロボットへ
　（矢印B）。
④自動給餌機：食べる牛ごとに配合飼料の量をチェック。
⑤休息エリア：牛床で休んでいる牛は、TMR給餌機（配餌車）が動き出すと配餌
　されているのを知り、採食エリアへ。
⑥搾乳ロボット：無人で搾乳し、いつ・何番の牛・乳量・異常の有無をPCに記録
　する。

出典：「特集 ITで拓く脳の未来（3）」（農林水産省／『aff（あふ）』2010年8月号）を参考に編集部にて作成

21日程度待たねばなりません。それだけ餌は無駄になるし、生
産効率は下がっていきます。
　ロボットは単に人手に代わるだけではなく、データの収集と解
析によって、酪農家の経営を多面的に向上させるのです。

👉 ONE POINT

酪農はスマート農業が
最も進んでいる分野

北海道別海町の西春別地区では、酪農家らが組織を作り、餌となる牧草の生産か
ら発酵飼料の製造、供給、生乳の生産管理を一括で受託していますが、この一連
に関するデータをデジタル化して、会員の経営の最適化を図っています。例えば
生乳の生産量が落ちた場合、ビッグデータから原因の所在を究明するしくみを構
築しているのです。

Chapter9

07

人工衛星と農業

農業でも人工衛星の活用が始まっています。主な目的は毎年変わる畑の区画やその地力、作物の生育状況を把握すること。先駆的な取り組みである北海道の小麦の栽培について紹介します。

「どの畑から収穫すべきか」を相対評価

穂発芽
収穫前の穂から芽が出ること。小麦の品質低下の要因となっている。

小麦の栽培にとっての難題は穂発芽です。北海道ではその発生を防ぐため、人工衛星で収穫の適期を割り出す方法が定着しています。

北海道における小麦の収穫作業は、近隣の農家が1つの集団となり、共同で行います。以前であれば、集団のメンバーは収穫する順番を決めるために畑を巡回していました。ただ、判断の頼りは「経験と勘」です。巡回しているうちに判断基準はぶれてきます。おまけに刈り取る順番を決めるにあたっては、集団内での上下関係がはたらくこともあるのは想像に難くありません。

そこでズコーシャと農研機構・北海道農業研究センター（以下、北農研）と北海道立総合研究機構・十勝農業試験場、JAめむろは2004年、畑ごとに小麦を刈り取る順番を把握するシステムを開発しました。収穫の2週間ほど前に人工衛星で小麦の産地を撮影し、その画像をもとに畑一枚ずつの植生指数(NDVI) を算出します。NDVIは穂水分と相関関係があるため、それを計測することで、どの畑から収穫すべきかを相対評価できるシステムとなっています。

植生指数（NDVI）
ある場所にまとまって生育している植物の集団である植生の分布状況や活性度を示す指標。

乾燥にかかる費用を33％減

ズコーシャは収穫の優先順位がわかるように色分けした地図を紙にして、顧客であるJAを通じて農家に配布します。対象品種は北海道の主力品種「きたほなみ」です。道内には同様のサービスを提供する会社や組織がほかにもあります。

適期に収穫する理由は穂発芽の発生を防ぐためです。収穫が遅れると、雨が降ったときに穂から発芽してきます。北海道ではそ

▶ 小麦を刈り取る順番を把握するシステム

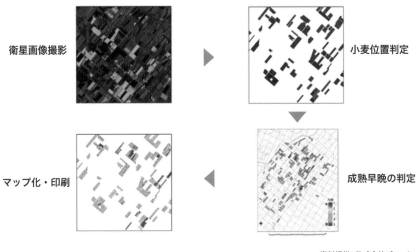

衛星画像撮影

小麦位置判定

マップ化・印刷

成熟早晩の判定

資料提供：株式会社ズコーシャ

れを防ぐため、むしろ適期よりも少し早いうちに刈り取ることが励行されてきました。ただ、早く刈り取ると、もみに水分が多く残るので、乾燥機の稼働時間が伸びて人件費も燃料費もかさみます。

　JA芽室で今回のシステムを導入したところ、それらの費用は導入前と比べて計33％減らせました。加えてコンバインが1日当たりに収穫できる量も増えたのです。以前であれば畑に到着した段階で水分が多いことから、刈り取りを延期することがあったのです。

👉 ONE POINT

「ゆめちから」でも
実証試験を開始

ズコーシャは北海道のもう一つの主力品種「ゆめちから」についても、このシステムを構築する実証試験を始めました。北海道産の秋まき小麦は「きたほなみ」と「ゆめちから」の2品種が全体の作付面積のほぼすべてを占めています。それだけに、今回の実証試験への産地からの期待は大きいはずです。

健康までカバーする
岩見沢市の農業戦略

Chapter9
08

農業の発展には、農村のインフラ整備も欠かせません。「農村部まで高速のインターネット通信ができるようにする」「テレワークができる環境を整える」といった視点から農業の振興に着手した自治体があります。

農地も5Gへ

ブロードバンド
高速のデータ通信ができる回線のこと。

5G
大容量かつ高速の次世代通信規格。

光ファイバー
インターネット通信ケーブルの一種。高速で大きいデータ量をやり取りできる。

岩見沢市（北海道空知地方）は、スマート農業の先進地として知られています。まず、農地のブロードバンド環境を整備しました。高精度の測位ができるRTK-GPS基地局を全国に先駆けて2013年に導入し、150台以上の農機が自動操舵に対応しています。複数台のロボットトラクターを協調運転させる実証のフィールドにもなっています。2019年10月からは、農地での5G活用の実証を始めました。こうした農業のスマート化は、「農・食・健康施策の連動」という全体像に基づいたものです。

行政面積の42％を農地が占めていることから、農業の発展は市にとって重要です。ただ、住民がいなくなって農業が栄えることはあり得ず、農業の環境整備以前に、ここに住み続けようと思えるような農村の環境整備が欠かせないのです。

市がICTに力を入れ始めたのは1993年ごろ。農村に住み続けてもらうための方策として、光ファイバー網を自治体として全国で初めて独自に整備しました。まずは住宅、次いで農地で高速のインターネットに接続できるブロードバンド環境を整えたのです。

その後も、農村でテレワークができるよう、コールセンターや伝票入力といった業務を在宅でできる環境を整えました。

健康のもとをたどると農へ行き着く

このところ力を入れているのが、健康です。同市で暮らしていれば健康でいられる、同市で子育てすれば母子ともに健康でいられる状態を目指しています。

市民の健康診断データや、母子の妊娠から育児に至るまでのデータを収集し、地域の健康上の課題を明らかにして、対策を打と

岩見沢市の農・食・健康を連動させた取り組み

●農・食・健康施策の連動

「農」 市内営農者、JAなど

- ロボット技術による生産効率化
- 各種データのAI解析による営農支援

所得向上、担い手確保・匠の技継承

「食」 食品加工業など

- 岩見沢産物をベースとした健康食品の開発（購入先の内製化、外貨獲得）
- 各種データのAI解析による営農支援

農産物によるバリュー・チェーン促進（北大COI参画企業との協働など）

北海道大学
岩見沢市
地域事業体（エミプラスラボ）

北海道大学との連携
ロボット技術、IoT/AI

北海道大学COIとの連携
食と健康の達人拠点

「健康」 市民、市内企業

- ウェアラブル端末による自己意識開発と経営者への施策連動
- 地元金融機関による新たな金融商品開発
- 市民の健康意識向上、在宅生活の快適化に向けたサービス連動
- 新たなコミュニティサービス創出（移送手段、買物支援等）

付加価値形成による課題解決

内閣府との関連事業に「SIP（パイロットファーム）」と「近未来技術等社会実装事業」が、農林水産省との関連事業に「スマート農業加速化実証事業」があります。
文部科学省とは「センターオブイノベーション」、経済産業省とは「農商工連携促進事業」を、それぞれ関連事業として行っています。

出典）「岩見沢市におけるソーシャル・イノベーションの取組について〜ICT活用による市民生活の質の向上と地域経済の活性化〜」（岩見沢市企画財政部／2019年7月25日）を参考に編集部にて作成

うとしています。健康状態をチェックし、このままだと将来こうなりかねないと伝える健康の予報システムを開発中です。病気になったら病院に行く状態から、市民自ら健康に関心をもち、日ごろから健康管理する状態にもっていこうとしています。

　健康であるために非常に重要なのが食であり、もとをたどると農に行きつきます。健康上の課題の解決に役立つ加工食品を作るため、原料となる農産物の生産段階から工夫をすることまで考えているのです。北海道大学や市内の食品加工業者らと連携し、岩見沢産の食材をベースにした健康食品の開発が進んでいます。同市は、農から食、そして健康に至るバリュー・チェーンを生む先進地となるかもしれません。

東京・新宿で広がる内藤とうがらし

東京都内でトウガラシを使った地域おこしが始まって10年になります。仕掛け人は地域開発プロデューサーとして活動する成田重行さん。

普及するトウガラシは八房系の「内藤とうがらし」。名前の通りに房なりするほか、いまではメジャーとなった「鷹の爪」系に対し、辛味が弱くてうまみを感じるのが特徴です。成田さんは都内の農家だけではなく、新宿区を中心に住民や企業、団体に働きかけ、家庭や職場で育ててもらっています。

江戸時代、内藤家の下屋敷から販売が始まる

八房系のトウガラシと新宿のつながりは江戸中期にまでさかのぼります。内藤家の下屋敷、現在の新宿御苑で栽培が始まると、新宿中の農家がこのトウガラシを作るようになりました。というのも江戸は人口の大半が男性。侍や職人などの単身者が多く、彼らは自炊するよりも屋台で飯を食うことを日常としていました。とりわけ手軽に食える蕎麦屋が流行りました。そして蕎麦の薬味として提供されたのが七味トウガラシだっ

たのです。

ただ、その栽培は長く続きませんでした。新宿が宿場町として繁栄するに従って、次第に農地は消えていったのです。拍車をかけるように、八房系よりも辛みがずっと強い鷹の爪系が登場しました。その刺激にひかれた農家は八房系に代わって鷹の爪系を作るようになったのです。

成田さんは2010年に八房系のトウガラシを入手して種を増やし、都民や企業、団体などに苗を配布して、育ててくれる人を増やしてきました。収穫物は集めて、新宿の老舗や全国の土産物店などにそれを原料にした加工品を開発してもらい、新宿を中心に販売するなどしています。

このほどその功績が世界で認められました。欧州一のトウガラシの産地であるフランス南西部、スペインとの国境に位置するバスク地方はエスプレット村。人口わずか2,000人の村で半世紀以上前から、毎年10月最後の土日開催の収穫祭で2019年、成田さんは外国人として初めて騎士の称号を村から贈られたのです。今後がますます楽しみなプロジェクトです。

第 **10** 章

世界における
日本農業の戦略

農産物だけでなく、農村空間や農業に関する知財を世界に売り込む動きがあります。少子高齢化で国内の消費が縮小傾向にあるなか、海外にどんなチャンスと市場があるのでしょうか。勝負に出る業界の動き、輸出の実態などを解説します。

Chapter10 01

急成長する世界の食市場と日本の輸出力の実態

国内の農業はこのままいくと、人口減少とともに縮小していくのは必至です。それを回避するためには、食市場の成長が見込める海外を目指すことが大事になります。

2030年、1,360兆円に成長する巨大市場

農林水産政策研究所
農林水産省の新たな政策の展開や方向に即応して、制作の企画・立案に資する研究を行う、唯一の国の機関。2001年4月、農業総合研究所を改組して、設置された。

　農林水産省系の**農林水産政策研究所**が2019年3月に公表した「**世界の飲食料市場規模の推計**」によれば、国内における飲食料の市場規模は、人口の減少と高齢化の進展で「減少する見込み」。国内の食料支出の総額は2010年を100とした場合に、2030年には97になると予測しています。

　一方、世界的には人口の増加と食生活の変化により食料の需要は「増加する見込み」。海外における飲食料の市場規模は2015年に890兆円だったのが、2030年には1,360兆円と1.5倍に成長すると予測されています。地域別にみると、著しい成長が見込まれているのは、1人当たりのGDPの伸びが大きいアジアです。同期間中に420兆円から800兆円と、1.9倍の拡大を見込まれています。これらを背景に、政府は農林水産物の輸出額の目標として1兆円を設定しています。2018年にはついに9,000億円を超え、目標の達成も間近に迫っています。

ネックになるのは価格競争力

農林水産物・食品の輸出の類別内訳の上位
メントールなどの有機化学品や化学工業生産品などが入っているなど、国内の農林水産業とは関係性の低い品目が並んでいる。

　ただ、この数字は本当に信頼できるのでしょうか。日本農業新聞の報道によれば、金額ベースで農産物輸出の上位10品目（関税番号）を占めるのは、「その他の調製食品のその他」「パン、ケーキなどのその他」「清酒」「ソース用の調整品などのその他」「紙巻きたばこ」「ウイスキー」「水その他」「リンゴ」「ビール」「スープ」。「その他」が何か、気になりますが、詳細は明かされていません。現在、輸出額を伸ばすという点において、ネックになっているのは価格競争力です。日本の農産物は高すぎるという声をよく聞くものの、一朝一夕ではなかなか解決できません。

▶ 主要34か国の飲食料市場規模

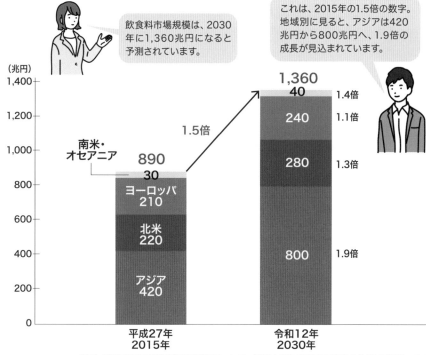

飲食料市場規模は、2030年に1,360兆円になると予測されています。

これは、2015年の1.5倍の数字。地域別に見ると、アジアは420兆円から800兆円へ、1.9倍の成長が見込まれています。

出典）「世界の飲食料市場規模の推計結果について」（農林水産省／平成31年3月）を参考に編集部にて作成

▶ 輸出累年実績

財務省の「貿易統計」をもとに、日本の農林水産物輸出額の推移を2000年よりまとめた。

（単位：億円）

西暦	農林水産物	農産物	林産物	水産物
2000	3,149	1,685	79	1,384
2001	4,442	3,020	70	1,352
2002	3,509	2,064	80	1,365
2003	3,402	1,959	90	1,354
2004	3,609	2,038	88	1,482
2005	4,008	2,168	92	1,748
2006	4,490	2,359	90	2,040
2007	5,160	2,678	104	2,378
2008	5,078	2,883	118	2,077
2009	4,454	2,637	93	1,724
2010	4,920	2,865	106	1,950
2011	4,511	2,652	123	1,736
2012	4,497	2,680	118	1,698
2013	5,505	3,136	152	2,216
2014	6,117	3,569	211	2,337
2015	7,451	4,431	263	2,757
2016	7,502	4,593	268	2,640
2017	8,071	4,966	355	2,749
2018	9,068	5,661	376	3,031

出典）「輸出累年実績」（農林水産省）を参考に編集部にて作成

観光資源としての農村

農産物直売所や観光農園、農家民宿、農家レストランなどツーリズム型の農村ビジネスがにぎわっています。年間販売総額は1兆円を超え、右肩上がりを続けています。

人口減少と高齢化による農業総産出額の減少

人口減少と高齢化は農業にとっても不安材料です。おまけに、人は年を重ねるほどに食べる量が減っていきます。日本における老年人口の割合は26.6％（2015年）で、国立社会保障・人口問題研究所の推計値によれば、2036年には33.3％になります。

このままでは、農業総産出額が減少するのは必至です。さまざまな対策を練らなければなりません。

農村ビジネスの発展チャンス

そこで欠かせないのが農村ビジネスの発展です。食料生産以外で農業と農村が果たすべき新たな役割を、今こそ見出すべきです。

理由は3つあります。1つ目はまさに高齢者が増えているから。というのもシニア世代は貯蓄があり、生活にゆとりがあります。おまけに時間もあるため、そんな人たちが何に金銭を使うかといえば「旅行」です。2つ目は「田園回帰」。内閣府による2014年の世論調査では、農山漁村に住んでみたいという願望がある都市住民は31.6％となり、前回調査の2005年時点（20.6％）より11ポイント増えています。そして、3点目は外国人観光客の増加。最近は友好関係にある国との間でビザを不要としたり円安もあったりして、訪日外国人客数が急増しています。日本政府観光局（JNTO）によれば、その数は2014年には1,341万人となり、過去10年で倍以上に増えました。

観光庁の2014年の調査報告書によれば、外国人が訪日前に期待していたことは「日本食を食べること」（72％）が最多（複数回答可）で、「自然・景勝地観光」（39.9％）「日本の歴史・伝統文化体験」（19.3％）も上位に挙がっています。

人口減少時代

日本は2008年から人口減少時代に突入している。総務省によると、現在の人口は1億2,615万人（2019年12月1日現在の概算値）だが、国立社会保障・人口問題研究所の推計値によれば、2040年には1億1,092万人になり、2053年には1億人を割る。

農業産出額の減少分をどう補うか

政府がてこ入れをしている輸出が伸びていけば、その分だけ農地は活用される。ただ、現状の輸出額を見ると、農産物に林産物と水産物を合わせても年間9,000億円にすぎず、人口減と高齢化による農業産出額の減少分を補うにはずいぶんと物足りない。また、このてこ入れが本当に日本の一次産業のためになっているのか定かではない。

▶ 都市と農村の交流「グリーンツーリズム」

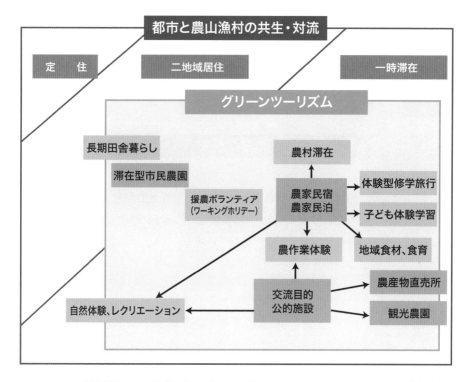

出典）「グリーン・ツーリズム」（https://www.maff.go.jp/tohoku/nouson/gt/index.html東北農政局）を参考に編集部にて作成

農村で、自然や文化に触れながら、農家の人々との交流を楽しむ滞在型の余暇活動です。英国ではルーラル・ツーリズム、フランスではツーリズム・ベールと呼ばれています。

　こうした好機を逃すべきではありません。農村には農地や山林、河川があり、そこでは多様な生き物が暮らしています。また農村の住民が受け継いできた民話や祭り、炭焼きや竹かご編みといった伝統文化や技も残っています。こうした有形無形の資源を活用して、都市住民や外国人を呼び込む取り組みも、すでに始まっています。

Chapter10 03

アジアに進出する苗ビジネス

苗会社の海外進出は、種会社と違ってまだまだ珍しいといえます。近年、種苗を「出さない」のではなく、「正しく出す」という発想で、国内の苗メーカーが動いています。

海外進出の活発な動き

苗は種と違い、かさばり、持ち運びしにくいため、それぞれの地域で供給する必要があります。種苗会社が種の販売で世界に進出していることは4章8節で紹介しましたが、苗についても、海外進出の動きが活発化しています。

苗は鮮度保持のため、現地での生産が基本となります。そこで、現地企業と組んで生産する国内メーカーが出てきました。現地には、優れた苗の供給体制を整えたいというニーズがあり、国内メーカーには、海外市場に進出し、経営を発展させるという狙いがあります。

苗を正しく広める

接木苗で国内最大手のベルグアース（愛媛県宇和島市）は、海外の需要に早くから着目し、中国に生産農場をもちます。近く、現地企業と組んで夏に収穫できる生食用のイチゴの苗を生産する見込みです。イチゴは冬から春にかけて収穫できる品種が一般的で、生食用で夏場に収穫できるものは、中国でほとんど栽培されていません。日本産のイチゴが人気の中国で、まったく新しい需要を作り出そうとしているのです。

一方、日本の有名な品種が、中国で無許可で栽培される事例は、後を絶ちません。ベルグアース代表取締役の山口一彦さんは、「無許可で出したものは、無許可で広がる」と指摘します。そのため、「今回のイチゴの苗は、中国で品種登録をして、勝手に広がらないように契約を結んでと、正しく広めることを徹底する」そうです。生産者を絞ったうえで苗を正しく海外に出し、現地で大きな新規市場を開拓しようとしています。

接木苗が各国で導入される目的
生育がよいことで知られる接木苗は、日本や韓国、ヨーロッパでよく使われている。導入の目的は、収量の増加や土壌病害に抵抗性をもたせること、連作障害の回避など。接木苗の普及率が低い中国やASEAN諸国などアジア地域で、これまでになく関心が高まっている。

生食用のイチゴ
酸味が強くて硬い業務用のイチゴに比べて、大粒で甘いものが多い。

▶ 接木苗の国内メーカーが海外進出する理由

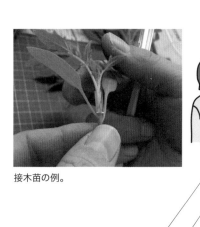

接木苗の例。

収量と品質を高め、農家の収入を引き上げることができるため、注目されています。接木苗でアジアはヨーロッパと並ぶ市場規模を誇り、中国やASEAN諸国、インドで今後、巨大な需要が生まれると見込まれます。

品種改良が進んでいる

接木に高い技術をもつ

日本の強み

**海外進出の
メリット**

国内市場と
段違いの
巨大な
需要がある

ハルディンは山東省莱陽市に農場をもち、苗を生産する

進出例：ベルグアース（中国、フィリピン）、ハルディン（中国）

▶ 中国におけるシクラメンの生産

資料提供：ベルグアース株式会社

ベルグアースの中国の子会社・青島芽福陽園芸の生産風景です。中国で苗事業を本格展開していくための技術開発・実証実験の場と位置づけ、トマトやシクラメンを栽培しています。

強まる種苗の保護の動き

アジアを中心に日本産のイチゴやブドウなどの人気が高まる一方、日本で作られた種苗が海外へ無断で持ち出され、栽培される事態が後を絶ちません。その防止に向けて、農林水産省もようやく動き始めました。

種苗が流出し農産物が安く出回る被害

種苗の海外流出は、これまでもたびたび問題になってきました。日本の優良な品種をもとに育種がなされ、その種苗を使った農産物が、日本産よりも安い価格で、現地で出回る事態が明るみに出ています。直近で世間の話題になったのは2018年、平昌五輪でカーリング女子日本代表が食べていた韓国産のイチゴ。齋藤健農林水産大臣（当時）が「日本から流出した品種が韓国で交配されたものが主だ」と指摘したのです。農林水産省は前年6月、日本生まれのイチゴの品種が韓国に流出したことで、日本産イチゴを輸出する機会を奪われ、過去5年間で最大220億円を損失したと試算しています。

品種を保護する法律・種苗法の改正

イチゴといえば輸出額が右肩上がりで、2017年には18億円に達するなど、海外市場を切り開く有望な作物です。それが韓国や中国などに違法に持ち出され、品種改良に使われています。

品種を保護する法律に**種苗法**があります。農林水産省は、同法で登録した品種（以下、登録品種）の海外流出を食い止めるため、2020年の年明けの通常国会にその改正案を提出する方針を固めました。要点は、**育成者権者**が登録品種の利用できる地域を限定し、その地域外への持ち出しを制限できるほか、現行法では農家に認められていた自家増殖は許諾を必要とするようにします。これにより「まずは育成者権者の思いに反するような国内流通のリスクを減らし、海外への無断流出の蛇口を閉める」（農水省知的財産課）ことが目的です。

とはいえ、今回の法改正で、海外への流出を完全に食い止める

種苗法
植物の新品種を保護するため、品種登録に関する制度などを定め、品種の育成の振興と種苗の流通の適性化をはかり、農林水産業の発展に寄与することを目的としている。

育成者権者
種苗法に基づいて登録した種苗の知的財産権を所有する者。

▶ 種苗法改正のポイント

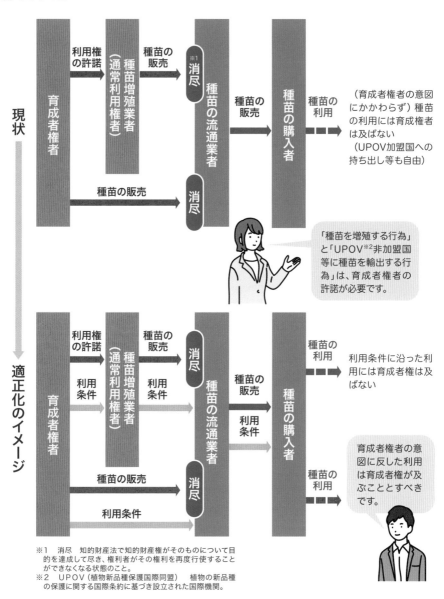

※1 消尽 知的財産法で知的財産権がそのものについて目的を達成して尽き、権利者がその権利を再度行使することができなくなる状態のこと。
※2 UPOV（植物新品種保護国際同盟） 植物の新品種の保護に関する国際条約に基づき設立された国際機関。

出典）「とりまとめ参考資料」（令和元年11月15日 優良品種の持続的な利用を可能とする植物新品種の保護に関する検討会）を参考に編集部にて作成

ことはできないでしょう。農林水産省も「悪意を持った人が種苗を持ち出すことまで止めるのは困難」としています。

Chapter10 05

世界的抹茶ブームが茶産地の景色を変える

世界的な和食ブームと抹茶ブーム、健康志向の高まりで、日本茶の輸出が増えています。生産量の増加が目覚ましいのが、てん茶。茶の国内市場の縮小に歯止めがかからないなか、茶農家にとっては一筋の光明といえます。

●「粉末状の緑茶」が茶輸出額の6割

抹茶ラテに抹茶入りスムージー、抹茶ケーキなど、"matcha" が世界で人気です。空前のブームは、一部の産地の景色を一変させています。**抹茶の原料となるてん茶**を作るには、一定の期間、茶に光が当たらないよう覆いをかけます。てん茶の生産量が全国トップクラスの和束町（京都府相良郡）は、茶畑の覆いがけの割合が増え、時期によってはほとんどの茶の木が黒い覆いの下に隠れます。

国内のてん茶の生産量は、2007年に1,472トンだったのが2018年には3,387トンと倍以上に増えました。その実、茶の作付面積と生産量は右肩下がりを続けており、てん茶の増加と好対照をなしています。抹茶の輸出実態を把握しようと、抹茶と粉末茶を含む「粉末状の緑茶」という区分が、2019年に**輸出統計品目表**に加わりました。2019年の輸出実績で、量において全体の43％を占め、輸出額においては61％を占めています。

● 海外では粗悪品が出回ることも

てん茶の生産は、京都府や愛知県が有名です。最大の茶産地である静岡県は、煎茶に軸足を置きつつも、引き合いの増えている抹茶の生産拡大も進めています。

抹茶が国際化すればするほど、海外では中国や韓国といった外国産との競合の激化は避けられないでしょう。特に、価格面で国産に比べて外国産は割安になるため、苦戦を強いられる可能性もあります。こうした外国産のなかには、抹茶の定義から外れる商品も多いと見られます。通常の緑茶を粉末にした粉末茶を抹茶の代わりにすると、苦みが強くなるなど、本来の味とは違ってしま

抹茶

2〜3週間程度覆いをした状態で栽培し、収穫したものを、もまずに乾燥させたものがてん茶。これを茶臼でひくなどして粉末にしたものが抹茶。通常の煎茶は覆いをかけず、もんで乾燥するため、栽培方法も加工方法も大きく異なる。

「粉末状の緑茶」が輸出統計品目表に加わった理由

それまで税関では「緑茶」とひとくくりに把握しており、抹茶や粉末茶がどの程度輸出されているか明らかでなかった。2019年以降は、抹茶と粉末茶が該当する「粉末状のもの」と、「その他のもの」に区別される。

▶ お茶の作付面積・生産量の推移

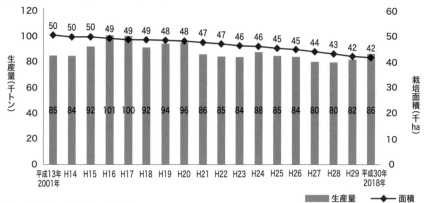

▶ てん茶の生産量の推移

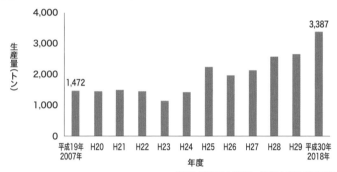

出典）「茶をめぐる情勢」（農林水産省／令和2年3月）を参考に編集部にて作成

うのです。粗悪品が出回ると、抹茶自体の評価を落としかねません。質の高い抹茶を海外で普及することが大切になります。

👉 ONE POINT

ニーズの高い有機栽培米
の生産も重要

茶の輸出には農薬の問題もあります。農林水産省によると、国内で茶の栽培に使える農薬は207あります。一方、主要な輸出先の米国は36、EUは79（いずれも19年10月時点）。茶の生産現場で使われる農薬には、輸出用には使えないものが多いのです。農林水産省は対策として、輸出向けの栽培マニュアルを作成しました。加えて、国内でよく使われる薬剤の残留農薬基準を設定するよう、米国やEUに申請しています。EU市場でニーズが高く、残留農薬基準をクリアする有機栽培茶の生産も重要ということです。

コメの新たな商機・グルテンフリー

小麦粉などに含まれる「グルテン」を含まないグルテンフリー食品。有名アスリートなどが食事に取り入れた影響で、一般まで広がりつつあります。小麦製品に「主食」の地位を脅かされているコメ業界にとっても商機です。

グルテンフリー食品に活路を見出したのは

グルテンとは、小麦、大麦、ライ麦などから生成されるたんぱく質の一種。これを含まないのが、**グルテンフリー食品**です。グルテンフリーの食生活を「**グルテンフリーダイエット**」と呼びます。

成長市場のグルテンフリーに注目しているのがコメ業界です。少子高齢化と食生活の変化で、国内のコメ需要は年10万トン以上のペースで減っているとされています。

輸出に踏み切っても、外国産との価格差や国内の産地間競争の激化で、利益を出すのは至難の業。八方ふさがりともいえる状況のなか、コメが小麦粉代わりに使えるグルテンフリー食品に活路を見出したのです。

米粉は、政府が補助金をつけて生産を奨励したものの販路がなく、在庫を抱える業者も少なくありませんでした。グルテンフリー食品はこの米粉も原料に使えるため、なおさら期待が高まっています。

コメを使ったグルテンフリー食品にはパスタ、麺、ケーキミックスなどさまざまなものがあります。グルテンフリー食品を海外に輸出するメーカーも増えてきました。

米粉製造業者や食品メーカー、コメの生産者団体などが米粉の国内での普及と輸出拡大を目的に2017年、日本米粉協会を設立しました。

海外のグルテンフリーの基準がグルテン含有率20ppm未満なのに対し、同協会が認証するノングルテン米粉は1ppm以下で、極めて低いのが特徴です。農林水産省は、このノングルテン米粉の基準の厳しさと加工のしやすさをアピールしています。

グルテンフリー（グルテンフリーダイエット）
グルテンフリーは、もともとは免疫疾患をもつ人向けの食事療法として始まったもの。ただ、近年、有名人が健康によいとして実践し、欧米では一般にも急速に普及しつつある。

米粉
コメを粉にしたもの。米粉用米を生産すると、10a当たり55,000円〜105,000円の「水田活用の直接支払交付金」が交付される。加工施設や乾燥調製・集出荷貯蔵施設の整備に対し、交付金や低利融資の支援制度がある。国の主導で需要を踏まえずに増産を奨励したため、大幅な供給過剰状態が2012年まで続いた。

▶ グルテンフリーとは

グルテンが健康や身体に与える影響をまとめました。健康目的だけでなく、女性の美容目的としても、グルテンフリーダイエットは広がっています。

グルテンとは	●小麦、大麦、ライ麦等に含まれる主要なたんぱく質。 ●パンやケーキ、めん類の粘り気や弾力を形成する。 ●グルテンを含む生地を発酵させると炭酸ガスが発生し、生地を膨らますことができ、パンやケーキに適する。
グルテンの 健康への影響と グルテンフリー食品	●グルテンの摂取により、一部の人に健康被害が生じるとされる。 <小麦アレルギー>小麦に含まれるたんぱく質に反応する即時型のアレルギー。息苦しさや意識障害を引き起こす。 <セリアック病>グルテンが原因となる小腸の炎症性疾患。栄養素の吸収不全による栄養障害等を引き起こす。 <グルテン過敏症>上記の両病以外の遅延型消化器系疾患。腹部膨満感、下痢、疲労、頭痛等を引き起こす。 ●本来ならグルテンを含む食品のグルテン含有量を一定値以下に抑えたものをグルテンフリー食品といい、さまざまな製品が発売されている。
グルテンフリー食品の 拡大に至る 経緯	●従来は患者食としての位置づけだった。 ●2002年ごろより、最大市場である米国において、患者ではない健康志向層も含めたグルテンフリー市場が拡大。 ●FDA（米国食品医薬品局）がグルテンフリー表示の規則案を提示した2007年ごろ、グルテンフリー食品のブームが始まったとされる。 ●スポーツ選手やモデル・有名人が取り入れたこともあり、欧米で大きなブームになった。

▶ 国産発芽玄米を使ったパスタ

小麦、大麦、ライ麦、食塩を一切使用せず、発芽玄米などを原料としたグルテンフリーパスタは、着色料を使用していません。発芽玄米がもつ自然な色合いも商品の特徴です。

資料提供：株式会社 大潟村あきたこまち生産者協会

Chapter10 07

日本の知財の流出を防げ

和牛人気の高まりと遺伝資源の国外への持ち出しを受け、和牛の遺伝資源保護のための新法が2020年3月、国会に提出され、4月に成立しました。これにより和牛の遺伝資源が知財として保護されます。

📍 遺伝資源の流出を阻止する

遺伝資源
遺伝機能を備えた素材。

　和牛が海外で人気で、国産ではない和牛の遺伝子をもつWAGYUが広く流通していることを3章9節で紹介しました。受精卵や精液といった**遺伝資源**はかつて米国に輸出されていましたが、その後、米国経由でオーストラリアに渡り、盛んに飼育されるようになりました。オーストラリアは世界のWAGYU市場を席巻する存在といえます。ただし、霜降りの入り具合といった肉質の面で、日本産には劣るといわれています。

　これは、飼育方法の違いに加え、オーストラリアにある和牛の遺伝資源が限られ、日本ほどの品種改良ができないことも原因のようです。

　つまり、優れた肉質の国産和牛をWAGYUと差別化するには、遺伝資源のこれ以上の流出を阻止することが重要なのです。

和牛の不正持ち出しを法律で規制すべきだとする提言
ポイントは3つ。不正に取得された和牛の遺伝資源の使用や売買に差し止め請求ができること。損害額は通常、訴える側の原告が算出し立証しなければならないが、損害額を推定する規定を設け、原告の負担を減らすこと。悪質で違法性が高い場合は刑事罰を科せられるようにすること。提言を受けてまとめた「家畜遺伝資源不正競争防止法案」と「家畜改良増殖法改正案」が2020年3月、国会に提出された。

📍 和牛の遺伝資源は知的財産

　ところが、2018年に中国に受精卵と精子を持ち出そうとした事案が発覚しました。中国の税関で持ち込みを認められず、成功しませんでしたが、これを契機に遺伝資源の違法な持ち出しに、刑事罰も含めた抑止策をとってほしいとの要望が出ました。

　農林水産省は、有識者による検討会を設置しました。2020年1月、「和牛の品種改良は畜産関係者による創造的な活動である」として和牛の遺伝資源を知的財産とみなし、不正な持ち出しを法律で規制すべきだとする提言をまとめました。

　新法の成立で、悪質な不正利用に対し、個人で1,000万円以下、法人で3億円以下の罰金または10年以下の懲役が科せられることになりました。厳罰化により不正な流出の抑止を狙います。

▶ 新法に定めた遺伝資源流出防止のしくみ

差し止め請求、損害賠償の対象		悪質な場合、厳罰に
・詐欺や窃盗での取得、利用、譲渡 ・契約に基づいて取得したものを、契約内容に反して利用、譲渡 ・不正取得の経緯を知りながらさらに利用、譲渡	**悪質な場合** ⟶	個人：1,000万円以下の罰金 または 10年以下の懲役 法人：3億円以下の罰金

和牛の遺伝資源を知財として保護することは、新法成立以前の法制度では困難でした。

▶ 和牛遺伝資源の海外での増殖のイメージ

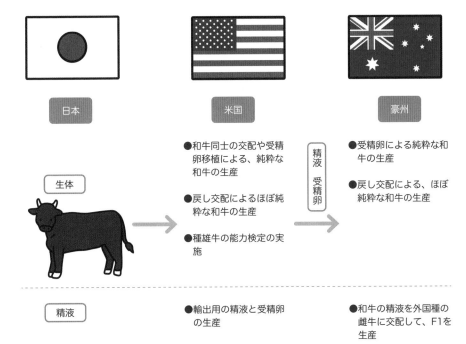

	日本	米国	豪州
生体		●和牛同士の交配や受精卵移植による、純粋な和牛の生産 ●戻し交配によるほぼ純粋な和牛の生産 ●種雄牛の能力検定の実施	●受精卵による純粋な和牛の生産 ●戻し交配による、ほぼ純粋な和牛の生産
精液		●輸出用の精液と受精卵の生産	●和牛の精液を外国種の雌牛に交配して、F1を生産

精液・受精卵

出典）「和牛遺伝資源をめぐる状況」（農林水産省）を参考に編集部にて作成

索引

著者紹介

窪田新之助（くぼた　しんのすけ）

農業ジャーナリスト。著書に『日本発「ロボットAI農業」の凄い未来』『GDP4％の日本農業は自動車産業を超える』（いずれも講談社）など。産学官挙げてロボットビジネスを推進するNPO法人ロボットビジネス支援機構（RobiZy）アドバイザー。

山口亮子（やまぐち　りょうこ）

ジャーナリスト。2010年京都大文卒、13年中国・北京大歴史学系大学院修了。時事通信社を経てフリーになり、農業、地域活性化、中国について執筆。株式会社ウロ代表取締役。農業や地域のPRを目的としたパンフレットや広告、雑誌などの企画・制作のほか、ツアーやセミナーの運営を手掛ける。

- ■ 装丁　　　　井上新八
- ■ 本文デザイン　高橋秀哉、高橋芳枝
- ■ 本文イラスト　こつじゆい
- ■ 担当　　　　田村佳則
- ■ 編集協力　　ヴュー企画（佐藤友美）

図解即戦力

農業のしくみとビジネスがこれ1冊でしっかりわかる教科書

2020年 7月 3日　初版　第1刷発行
2022年12月16日　初版　第4刷発行

著　者　窪田新之助、山口亮子
発行者　片岡　巌
発行所　株式会社技術評論社
　　　　東京都新宿区市谷左内町21-13
　　　　電話　03-3513-6150　販売促進部
　　　　　　　03-3513-6160　書籍編集部
印刷／製本　株式会社加藤文明社

ISBN978-4-297-11363-6 C0036　　　　Printed in Japan